凯蒂·奎恩·戴维斯

原本是一位平面设计师，
然后在2009年，
她将她全部的创造力倾注在了美食摄影上，
于是她的博客“凯蒂吃什么”诞生了。
她在澳大利亚、美国和欧洲国家拥有一大批追随者，
这成了一个互联网奇迹。
她在悉尼的工作室为顶尖的美食生活类杂志拍摄
广告以及各类硬照，
闲暇之余，凯蒂喜好下厨，
会常常在她的网站上更新四季食谱。

摄影师的餐桌

凯蒂的周末美食

凯蒂・奎恩・戴维斯 Katie Quinn Davies 著/摄影
丢帕 译

浙江出版联合集团
浙江科学技术出版社

谨以此书献给我所有出色的朋友和家人，特别是爱丽丝、卢和玛德琳——没有你们就没有这本书。非常爱你们，你们都太棒了！

Green and Gold
Cookery Book

序

自从我的第一本书《凯蒂吃什么》出版以来，这过去的两年对我而言简直是一场巨大的旋风。当我意识到我的书已经被翻译成数十种语言在全球近二十个国家销售时，我有时得掐一下自己以提醒自己不是在做梦。我看到自己的食谱被翻译成意大利文、葡萄牙文、法文、俄文、德文。每当邮件里又出现一个外文版本的时候，我就很开心。所以，当被问及能否再写一个续集，继续这一相关的新旅程，而且还是以一个独立食谱作家、摄影师、造型师、设计师（以及其他无数让这一切梦想成真的身份）来写时，我兴奋极了。

这本书都是关于周末吃什么以及我最爱做的事——为家人和朋友做饭。我常常说我最喜欢的就是办一场家宴或者在悉尼暖和的天气里烧烤，这一直没变。给很多人做饭让我获得巨大的满足感，我喜欢这整个过程，从计划吃什么，到上菜、看着我的小伙伴们一起开动。对我而言，生活里最棒的事情就是和最亲近的朋友享受美酒佳肴，也就是和朋友们聚餐。

我很喜欢这些食谱，它们都来自于很多美妙的经历：有我自己在厨房里的试验，有过去两年旅行中享受的美食，还有从朋友那抄来的食谱。从慵懒的周末早午餐聚会，到丰富的家宴、鸡尾酒聚会，以及营养的色拉，长久腌制或者慢煮的菜肴，它们并不仅仅适合在周末做，很多也可以在工作日轻松完成。

我从食物以及过去几年的食谱写作中学到了很多，特别是每月给《美味》杂志写一个专栏的经历，让我受益良多。每个月，我都会根据当季的主题来给杂志撰写、尝试、烹饪、造型并拍摄一系列食谱。我学到了很多季节类农产品的知识以及调味方法，并乐在其中。这本书里也收录了部分这类食谱，还收录了我的博客whatkatieate.com中我自己最喜欢的一部分。

自第一本书出版后，我去了很多地方旅行，比如日本（超棒！）、美国、意大利、英国、爱尔兰以及澳大利亚。从旅途中与朋友、家人吃的饭菜里获得灵感，可能是我最喜欢的获得食谱灵感的方式。我喜欢琢磨他们每道菜里用的原料，回家后在自己的厨房里试验。我也常常会把一两个菜谱综合起来，再加上自己的想法，第236~239页的配菜就是最好的例子。

这本书里我放了很多在不同地方度过的周末照片，比如在我的家乡都柏林（见第76~85页）；在美丽的巴罗莎山谷，和很多热情的朋友一起（见第32~41页）；还有意大利，我最喜欢的国家（见第142~151页）。此外，还有一些是在我悉尼的家中度过的周末：有和我的博客读者一起的女生聚会（见第178~185页，再次谢谢你们！）；还有我家里的墨西哥风情派对（见第250~257页）。

这过去的几年里，最令人难忘的毫无疑问是去纽约拿到了梦寐以求的詹姆斯·比尔德最佳摄影奖，同时还在2013年5月获得了最佳食谱书籍的提名。有天早晨醒来，看到twitter里好多人恭喜我获得提名时，我感到了前所未有的震撼，也非常兴奋和激动。这个奖就是美国厨艺界的奥斯卡奖，能被美国烹饪界、媒体和出版社选中，并与很多高水准的人一起列为最终获奖人选实在是太荣幸了。

我犹豫了一会儿要不要去颁奖典礼，后来觉得这也不是什么难事儿，于是订好机票和酒店，精心准备了衣着打扮，诸如裙子、鞋子、手包、首饰、发型、妆容这些，女人嘛！颁奖典礼的晚上，我和我的美国出版商梅根坐在歌谭大厅的颁奖桌前。当我的名字作为最佳摄影提名被念到时我紧张坏了。而听到最终获奖的人是我时就更加紧张了，我差点没兴奋得昏过去。我清楚地记得从宴会大厅走上台简直像走了2英里，一路和好多陌生人击掌。在我紧张地念完我的获奖致辞后（关于爱尔兰人的运气什么的），我被快速地拉去拍照，最后喝香槟的时候我差点把香槟洒了，因为手一直抖得厉害。这些经历真是令人难以置信。我会一直感谢为我的书投票的评委，还有詹姆斯·比尔德基金会。

写这本书的目的是为我的读者写一本熟悉的食谱，不过写的时候很轻松明快，因为这里有我在悉尼的生活，也有我喜欢吃、喜欢做的食物。我觉得这本书就是我过去两年所写食谱和旅行经历的记录。不过也加了些幕后花絮的照片，由此大家可以看到那些美妙食物照片的“光鲜夺目”是怎么来的。

我真的很喜欢为这本书写食谱并拍照，尽管它比之前那本书的工作量还要大。虽然写书的时候也会面临很多困难或者让我感到压力很大，但最终结果还是很让我骄傲的。我希望你们会将这里的众多食谱和家人朋友分享，也希望你们会继续关注我做的这些事。

爱你们的，

凯蒂

Canon

BREAKFAST AND BRUNCH

早餐和早午餐

VEGEMITE

herrie
7.5
Fre
Sam
Cup of
Cherries

SPECIAL BLACK PEPPER
"GRAN DI CAPRA"
(GOAT CHEESE)
ZUBAIO
FRESH PECORINO
£28.00 Kg
SPECIAL GOAT CHEESE
4 months matured
conserved in STRAW
£30.00 per Kg
ORGANIC GOAT CHEESE
£25,00 per Kg
30,00 per Kg

No. 10

KATIE'S GRANOLA WITH BLUEBERRY COMPOTE AND YOGHURT

凯蒂的格兰诺拉麦片配糖渍蓝莓和酸奶

4～6人份

自己在家做格兰诺拉麦片很容易。我喜欢在周日的晚上做上一批，这样接下来一周就都有得吃了。坚果和浆果混合好后放在密封罐里可保存2周。蓬松的藜麦和奇亚籽可以在健康食品店里买到，清淡型龙舌兰糖浆可以在健康食品店和熟食店里找到。

1杯（140克）榛子
半杯（80克）杏仁
半杯（75克）葵花子
⅓杯（50克）南瓜子
2汤匙清淡型龙舌兰糖浆
⅓杯（50克）蔓越莓干
¼杯（50克）蓝莓干
¼杯（30克）枸杞子
1杯（25克）藜麦
2汤匙奇亚籽
2杯（560克）酸奶

糖渍蓝莓
250克蓝莓
2汤匙清淡型龙舌兰糖浆
2汤匙柠檬汁

烤箱180℃预热，加开风扇挡；烤盘上铺好油纸。

将所有坚果仁倒入碗中，再倒入龙舌兰糖浆，搅拌好后均匀地铺在之前准备好的油纸上，烤8~10分钟至颜色金黄。移出放凉，掰成小块搁在大碗里。这时加入干果、藜麦和奇亚籽搅拌混合（差不多正好做500克，约5½杯）。

糖渍蓝莓做法：将所有原材料放进小平底锅内，加1汤匙水大火煮沸。之后减为小火炖，不时搅拌，炖2~3分钟至蓝莓变软。将水果滤出，留着液体继续小火煮4~5分钟，待容量差不多减半后再倒在蓝莓上，放凉。

吃的时候，将糖渍蓝莓分放在碗里或者瓶子里，倒一层酸奶，最后放些之前烤好的坚果仁和混合的浆果就好了。

THE
MOST FLAVORFUL
AND CREAMIEST

SO BL
CHAI DE
WK DB
SOY SK
FW CA
LM LA
HC LB
Mocha
+1 +2
PLANET CUP
COMPOST ME!

超级思慕C

SUPER SMOOTHIES

2人份（约700毫升）

说实话，如今超级健康的绿色混合饮品相当流行，
我却从未热衷过。但这里做的这个味道超好。
其中添加了甘蓝（可能有些人要被吓跑了），
而它的味道在最终的饮料里其实喝不太出来。
这款饮料特别适合小孩子，
让他们在不知不觉中吃些绿色蔬菜。

2个奇异果，去皮
1个青苹果，去核
20克甘蓝或者小菠菜叶
2茶勺柠檬汁
1小把薄荷叶
冰块适量

将所有原材料和1杯（250毫升）凉水倒进搅拌机里搅拌均匀。

然后倒入冰过的玻璃杯中，再适量加些冰块即可。

Successful Cooks always use Ingredients Advertised in this Book.

沙丁鱼烤吐司拌龙蒿柠檬蛋黄酱

SARDINES ON TOAST WITH TARRAGON AND LEMON MAYO

4人份

这个特别适合和朋友一起作为周末早午餐享用。我通常会把沙丁鱼的鱼刺去掉，不过你喜欢的话也可以留着，鱼刺小但是富含钙！

250克小番茄
海盐和现磨黑胡椒粉
16条新鲜的沙丁鱼，洗净，去鳞（可以让卖鱼的师傅帮你处理好）
1汤匙面粉，过筛
1汤匙米粉，过筛
2个柠檬的皮丝
橄榄油或者糙米油，煎炸用
4个土鸡蛋
涂了黄油的全麦酵种吐司
莳萝小枝，装盘用

龙蒿柠檬蛋黄酱
3个土鸡蛋蛋黄
2汤匙柠檬汁
海盐
半杯（125毫升）菜籽油
2茶勺龙蒿醋
1茶勺第戎酱
2茶勺盐渍酸豆，冲洗干净
1小把莳萝
新鲜研磨的白胡椒粉

烤箱180℃预热，加开风扇挡；烤盘上铺好油纸。

将小番茄放到烤盘上，撒一些盐，烤20分钟左右至番茄皮皱裂。

在烤小番茄期间准备蛋黄酱。将蛋黄、柠檬汁、一点盐放入食品料理机，高速搅打1分钟，当中慢速加油，搅打成光滑黏稠的混合物。接着加入醋、第戎酱、酸豆、莳萝和白胡椒粉，搅拌均匀，盖好放一边。

用厨房纸巾将沙丁鱼表面的水分吸干。

刮一些柠檬皮丝，同筛过的面粉、一点盐和适量的黑胡椒粉一起放入浅盘中拌匀，然后把沙丁鱼搁进去，使它们均匀地裹上一层面粉。

深炒锅倒5毫升左右的油，中大火加热。将沙丁鱼放入，浅炸1~2分钟至两面金黄。用漏勺捞起，搁纸巾上滤掉一些油，放一边，注意保温。

平底锅加水，加热到80℃或者微微沸腾。将鸡蛋打在漏勺里，让蛋白漏掉，将剩下的蛋黄滑进锅里，煮4分钟左右，再用漏勺捞起，将水沥干，盖好保温。一次1个，直到4个煮完。

每个盘子上放上吐司，再将前面准备好的小番茄、沙丁鱼、鸡蛋以及一些蛋黄酱依次放到吐司上，最后研磨些胡椒粉，点缀上莳萝即可。

巧克力酸樱桃煎饼

CHOCOLATE AND SOUR CHERRY HOTCAKES

要做特别的周末早餐或早午餐时，可以来一盘这个煎饼。喜欢的话，也可以当作甜点吃。面糊里的酸樱桃我用的是冻过的，但你也可以用瓶装的欧洲酸樱桃（用之前沥干水分就好）。当然，有当季的新鲜樱桃就更好了。杏仁碎放烤箱180℃烤6~8分钟，请注意查看，不要烤焦。荞麦粉可以在健康食品店里有买到。

2杯（300克）荞麦粉
2茶勺泡打粉
2茶勺苏打粉
半茶勺肉桂粉
1汤匙可可粉（可选）
2杯（500毫升）白脱牛奶
1个大的土鸡蛋
60克黄油，室温融化，另加少许煎饼用
2汤匙清淡型龙舌兰糖浆（见第10页），另加少许装盘用（可选）
2杯（300克）冻酸樱桃，解冻后用纸巾沥干水分
200克鲜奶油
200克新鲜樱桃，切半去核（或者用沥干水分的罐装樱桃）
50克杏仁碎，烘烤后切碎

可做16片

烤箱130℃预热，加开风扇挡；烤盘铺上油纸。

将所有粉类原材料筛在一个大碗里，放一边。

将白脱牛奶、鸡蛋、融化的黄油和龙舌兰糖浆一起倒入罐中搅打均匀。

在面粉混合材料中挖个坑，将搅打均匀后的液体材料倒进去，用木铲搅拌均匀，再把解冻的樱桃加进去混合均匀。

将平底不粘锅中火加热，加半茶勺黄油，融化后一次舀3份面糊（每份约3汤匙），煎2~3分钟至底部焦黄。小心翻过来，将另一面再煎2~3分钟，然后盛至盘中，并放烤箱中保温。重复操作，每次都加半茶勺的黄油，直到把剩下的面糊煎完。

将煎饼摞在盘子里，每层夹一些鲜奶油，最上面也加一坨，然后撒些切半的樱桃和杏仁碎，还可以再加些龙舌兰糖浆。

蘑菇菠菜奶酪蛋卷

MUSHROOM SPINACH AND CHEESE OMELETTE

我做的煎蛋卷非常松软，因为鸡蛋是在搅拌器里搅的，蛋卷的质地十分轻盈蓬松。喜欢的话，你可以配黄油吐司一起吃。

3个土鸡蛋
3汤匙牛奶
海盐
25克黄油，再加少许煎蛋用
50克香菇，切片（小的留整个）
50克瑞士褐菇，切片
2枝百里香，摘下叶子
现磨黑胡椒粉
15克小菠菜叶
30克埃曼塔尔奶酪，切薄片

1～2人份

将鸡蛋、牛奶、少许盐一起放搅拌机里搅打30~40秒至完全混合，呈蓬松状，放一边。

将平底不粘锅大火加热，加黄油融化后，加蘑菇、百里香（留一些装饰）以及调味料煎4~5分钟，直到蘑菇变软，盛盘保温。

将平底锅擦干净后，再加些黄油小火融化。倒入鸡蛋混合物，煎4~5分钟，待周边开始凝固后，将蘑菇、菠菜和奶酪放在一边，然后把另一边盖过来煎1~2分钟。整个蛋卷翻过来再煎1分钟左右后装盘，撒上剩下的一点百里香叶子就可以端上桌了。

柑橘、开心果麦芬

MANDARIN, PISTACHIO MUFFINS

这样的麦芬特别适合当路上吃的早餐，当工作时的小吃也不错。周日晚上做一批，后面几天的存货就有了。

4个柑橘
2杯（300克）面粉
2茶勺泡打粉
2茶勺肉桂粉
120克黄糖
少许精盐
4个大的土鸡蛋
120克无盐黄油，融化后稍放凉
2茶勺橙花水
140克开心果，去壳，切碎
1汤匙黑芝麻碎

可做10个大麦芬

烤箱180℃预热，加开风扇挡。将油纸裁成10个小方块放在麦芬模具里。

拿一个柑橘擦些皮丝放一边，然后将所有柑橘剥皮，去籽，掰成瓣（大概需要350克的橘子瓣），切半待用。

面粉过筛，与泡打粉、肉桂粉、糖和一点盐一起放碗里混合均匀。

用另一个碗将鸡蛋打散，拌进融化好的黄油、橙花水和柑橘皮丝，然后倒进面粉碗里用木勺拌匀。

留一些切好的柑橘块装饰，剩下的都倒进面糊里，再将2/3的开心果和3/4的黑芝麻碎一起倒进去，轻搅、拌匀。

将面糊舀进装好油纸的麦芬模具里，上面再撒上之前留的柑橘块、开心果和黑芝麻碎。

烤25~30分钟，待竹签戳进去没有面糊粘出来就说明烤好了。将麦芬从烤箱中取出稍稍放凉，再从模具里倒出放到烤架上冷却。

Brook
FARM

No. 22

辣香肠煎土豆丝饼 配 鸭蛋、凤尾鱼蛋黄酱

CHORIZO ROSTI WITH DUCK EGGS AND ANCHOVY MAYO

最近在纽约旅行时吃到一个喜欢的菜，做这道菜就是受了它的启发。这种带有洋葱和蒜味的蔬菜在北美颇受欢迎。如果你没有鸭蛋，就用4个大一点的土鸡蛋代替。可以用烤番茄来佐餐。

800克土豆，去皮擦成丝
25克黄油，融化
海盐和现磨黑胡椒粉
橄榄油或者米糠油，烹饪用
1个棕洋葱，切碎
4瓣大蒜，2个切末，2个切半
220克优质西班牙辣香肠，切成丁
2束葱，只要葱白部分，纵向切半
4个土鸭蛋
剪下的小段莳萝，装饰用

凤尾鱼蛋黄酱
2个土鸡蛋蛋黄
1汤匙柠檬汁
少许海盐
半杯（125毫升）菜籽油
2茶勺第戎酱
1汤匙白酒醋
2条大凤尾鱼，剁碎
1茶勺李派林喼汁
现磨的白胡椒粉

将土豆丝放在一块干净的茶巾上，包起来将水分尽可能拧干。然后把土豆丝和融化的黄油、盐、胡椒粉一起放到碗里搅拌均匀，放一边。

不粘炒锅加1勺油中大火加热，放洋葱和蒜末，炒4~5分钟至洋葱变软，盛到装土豆丝的碗里。

用刚才的炒锅加2勺油中火加热，把西班牙辣香肠丁炒3~4分钟，微焦时起锅，盛到装土豆丝的碗中，混合均匀。

烤箱180℃预热，加开风扇挡；烤盘铺好油纸。

用厨房纸巾将炒锅擦干净，加1勺油中大火加热。舀1大勺拌好的土豆丝到锅里，大致弄成圆形，再用铲子摊成饼状，煎1~2分钟后翻过来，再煎2分钟后盛到烤盘里。重复做4个左右，每次煎之前加点油。

将土豆丝饼放入烤箱烤20~25分钟，烤至变成金黄色且彻底烤透变脆。

烤的时候做蛋黄酱。把蛋黄、柠檬汁、一点盐放到食物料理机里，高速打1分钟后转慢速，缓缓加油进去，直到酱变得黏稠又光滑。把剩余材料加进去再搅拌30秒，盖好放一边。

炒锅加1勺油中火加热，把切半的大蒜放进去煸1分钟，捞出扔掉。接着把葱白放油里煸3~4分钟，轻微变黄变软后关火，盛出盖好保温。

将炒锅擦干净，加1勺油中大火加热。打入1个鸭蛋，煎2分钟，盖上盖子再煎1分半钟，直到下面煎好，上面的蛋黄还是溏心的。锅大的话，可以一次多煎几个蛋。

最后，在每个盘子里的香肠土豆丝饼上放上煎好的葱和鸭蛋，淋点蛋黄酱、盐和胡椒粉调味，最后点缀些莳萝即可。

鸡蛋酸奶油派

BAKED EGGS IN SOUR-CREAM PASTRY CUPS

这个点心用的材料很少，味道却很丰富。尽量用你能找到的最好的派皮。我这里用的是卡列姆起酥皮，澳洲产的，吃下来口感最好。松露油可要可不要，但加了味道会很棒。

1包445克的酸奶油派皮或者两大张酥油皮（25厘米×25厘米），如果是冰冻的应先解冻
2汤匙牛奶
1个土鸡蛋蛋黄
8薄片意大利熏火腿，纵向切半
8个土鸡蛋
90克格鲁耶尔干酪，再加些装盘用
白松露油（可选）、葱末、现磨黑胡椒，装盘用

可做8个

烤箱180℃预热，加开风扇挡。准备8个麦芬杯，每个约2/3杯（160毫升），里面用油刷一遍。

将派皮切成12.5厘米见方的方块，放进麦芬杯，四周褶起形成杯状。重叠的派皮尽量压平整，保持同一厚度。用叉子将整个派皮杯戳些洞。

剪8张比饼皮稍大一点的油纸，揉皱后展开，套放在派皮杯里面。将烤珠（或者米粒）放进去盲烤10分钟，然后去掉油纸和烤珠（或者米粒）再烤10分钟，直到派底烤好。

将蛋黄和牛奶打散，刷在派皮上。每个派皮碗上放两片意大利熏火腿片，再打一个蛋在上面，撒点干酪。

烤12~15分钟至派皮呈金黄色、鸡蛋凝结就好了。放在麦芬杯里晾一会儿再拿出来。端盘的时候再淋些松露油，撒些葱末、现磨的胡椒粉，最后擦些干酪细丝在上面就好了。

苹果杏仁派

APPLE AND ALMOND PASTRIES

这是我自创的法式苹果派，看着粗糙却很美味，做起来也很快。周日和咖啡一起作为早午餐特别棒。需要的话，你可以用现成的全麦派皮或者无谷蛋白派皮。

150克蜂蜜，另加少许最后撒
2汤匙枫糖浆
半茶勺姜粉
1½茶勺肉桂粉
2茶勺香草酱
150克杏仁，烤好后大致切碎
3个青苹果，去皮，去核，切成1.5厘米长的小块，撒上半个柠檬的汁
1个土鸡蛋蛋黄，与少许牛奶混合
烤过的杏仁片，装盘用

自制派皮
250克无盐黄油，冷藏状态下切块
125克全麦面粉，过筛，另备少许
125克面粉，过筛
细盐

可做18个

派皮的做法：先将200克切块的黄油放冰箱继续冷藏。面粉和盐倒入食品料理机，加剩下的50克黄油块搅拌混合。接着把冰箱里的黄油块加进去搅打一两次，加1/2汤匙的冷水，搅打一次。再加2½汤匙的冷水，搅打一两次混合均匀。

桌面撒些干面粉，将面团放桌上，用手捏成圆柱状，盖好保鲜膜，放冰箱冷藏30分钟。之后取出，在撒好干面粉的桌子上把面团擀成50厘米×25厘米的方形面皮。

自己对着短的这一边，将最上面的1/3折到2/3的地方，再将下面的1/3折过去。将这个折好的长方形转90°，擀成原来的长方形大小。这个过程重复四五次，每隔一次，擀之前把面团放冰箱冷藏15分钟，这样会比较容易处理。这一步完成后，把面团包好放冰箱冷藏2小时。

烤箱180℃预热，加开风扇挡；准备2个烤盘，铺好油纸。

把冰好的面团放到撒过干面粉的桌面上，擀成边长50厘米的正方形。

拿个小碗把蜂蜜、枫糖浆、姜粉、肉桂粉和香草酱放一起搅拌好，用刮刀把混合物平铺到派皮上，边缘各留3厘米。再将切碎的坚果和苹果丁撒在上面，最后小心地把派皮像卷瑞士卷那样卷起来，尽量紧一些，不要弄破派皮。最后刷一层蛋液。

用一把锋利的刀将卷切成2厘米宽的圈，平铺到烤盘上，每个间隔2厘米。再撒些蜂蜜和烤过的杏仁片。烤25~30分钟至呈金黄色即可。

吃的时候冷热都可以。

墨西哥牛肉鸡蛋

MEXICAN BEEF AND EGGS

烟熏辣椒酱和新鲜的墨西哥青辣椒以前只有在美国才找得到，但现在蔬果店和一些超市都有得卖了。我喜欢戈雅牌（Goya）烟熏辣椒酱，因为它不是很浓烈，瓶子不大不小。

1汤匙橄榄油
1个洋葱，切碎
海盐
400克瘦牛肉糜
¼杯（60毫升）烟熏辣椒酱
1听（400克）剁碎的番茄
1大把香菜，大致切短，装盘需另备少许
现磨黑胡椒
4个土鸡蛋
1根墨西哥青辣椒，横向切薄片

4人份

大的平底锅加油中火加热，加洋葱、少许盐翻炒3~4分钟，直到洋葱炒软。加牛肉糜，大火翻炒5分钟至牛肉炒熟，有结块时可以把结块捣捣碎。拌入烟熏辣椒酱、番茄和香菜，加盐和胡椒调味，中火再煮5~6分钟至汤汁稍微变稠。

用勺子在锅里大致划出4块，每块上面打一个蛋，盖上盖子煮5~7分钟至鸡蛋和牛肉都煮好，再点缀些青辣椒和香菜，最后撒点现磨的黑胡椒粉，趁热吃。

荞麦可丽饼配菠菜和意大利乳清奶酪

BUCKWHEAT CREPES WITH SPINACH AND RICOTTA

这道轻食健康又美味，将不同质地的食物组合在一起。辣椒酱在精品美食店可以买到（我用的是Crystal牌的，可以在网站thegourmetgrocer.com.au上买到）。

2杯（300克）荞麦面粉
海盐和现磨黑胡椒粉
1个大的土鸡蛋
3¾杯（930毫升）牛奶
淡味橄榄油或者菜籽油喷雾
淡味酸奶油、辣椒酱和薄荷叶

意大利乳清奶酪馅

1杯（240克）新鲜意大利乳清奶酪
225克小菠菜叶
4根葱，理好，切葱末
1大把薄荷叶，切碎
¼杯（40克）松子，烤熟

6～8人份

烤箱130℃预热，加开风扇挡；烤盘铺烤纸。

将面粉和少许盐放到搅拌用大碗中，加鸡蛋和1/4杯（60毫升）牛奶，搅拌均匀。再把剩下的牛奶倒进去，不断搅打，直到混合均匀。加一些胡椒粉调味，最后倒进广口壶里。

在不粘的可丽饼锅（直径20厘米）或者平底炒锅中加点油，中火加热。油热后倒1/4杯（60毫升）面糊，把锅倾斜转一圈让面糊在锅底均匀地平铺开，煎40~50秒，边缘快焦前用铲子翻一面再煎30秒，最后移到烤盘中保温，再继续煎剩下的饼。差不多可以煎24个。

与此同时，将奶酪馅的材料倒进一个碗里混合好，加一些调味料，搁一边。

组装时，每块可丽饼上涂一层厚厚的酸奶油，再加一勺奶酪馅以及辣椒酱，最后点缀些薄荷叶卷起来，就可以吃了。

菜单

培根、甘蓝和杏仁填烤鸡 page 105

苹果酒枫糖浆烤猪肉 page 118

迷迭香烤小土豆 page 160

烤蔬菜配山羊凝乳和榛子 page 164

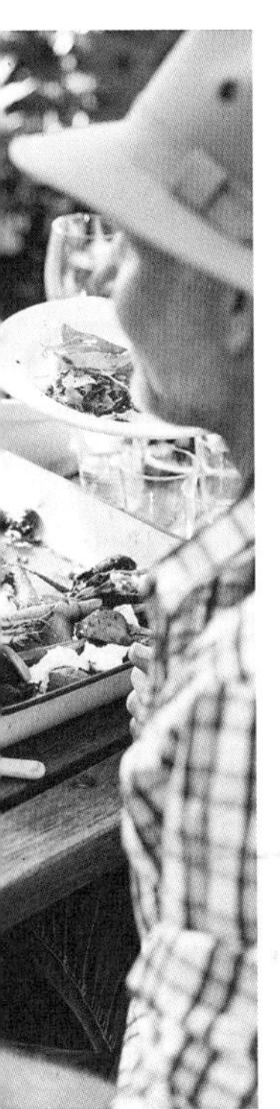

2013年冬天，我出发去欧洲前（我还在适应澳大利亚的六到八月是冬天这一事实，对我来说这些月份一直是夏天……），我接了一个关于巴罗莎山谷的摄影工作。巴罗莎在南澳阿德莱德的北面，是一个著名的产酒区。这个地方让我一见倾心，不光是因为它美丽的自然环境，更是因为那里的人。他们大概是我在这个神奇的国度里遇到的最温暖、最友好而又最好客的人了。

我在那里要拍一系列当地手工食物制造者的照片，包括奶酪师傅、农夫、酱菜师傅、熏肉师傅、面条师傅、酿酒师以及厨师。这些人中有一个特别的女人叫简·安格斯。简和她的先生约翰养羊，同时经营一个叫赫顿山谷（Hutton Vale）的

巴罗莎的一个周末

BAROSSA VALLEY

酒庄。他们的酒窖看着就让人兴奋。我开车上去的时候都惊呆了，后来看到很多房子和主屋的时候更是惊得下巴都要掉了。屋子里的东西都很复古，有着非常强烈的历史感，还有很多主人的爱在里面。在拍摄简和她的农作物的过程中，我觉得在这里不拍上几个小时都走不出去。当时我就知道，总有一天我得再回来一趟，为我的下一本书拍取素材。

所以，2013年的十月，我又回到巴罗莎山谷，待在麦克·沃斯达特那里。麦克是我见到的最热情的人。他经营着一个散养猪和奶制品的农场，还经营着一个漂亮的家庭旅馆，叫奶牛场主的农庄（Dairyman's Cottage）。我在农场里闲逛，疯狂地给他所有的小猪仔拍照，拍得很开心，收集了非常多的照片素材。在家庭旅馆里，我还吃了顿很丰盛的欢迎早餐，都是用当地最好的食材做的，不管是蔬菜，还是肉类、奶酪以及葡萄酒。当晚我们享用了几杯红酒，就着他做的超好吃的烤香辣杏仁（见第220页食谱）。

翻页继续

PULLETS
FOR SALE

第二天，我一早起来去巴罗莎的农夫市集，在那囤了好多当地最好的土特产，有从萨斯基亚·比尔（麦姬的女儿）那买的有机散养土鸡蛋，还有蔬菜、奶酪和面包。然后为了感谢我上次来这遇到的人，我跑去赫顿山谷给他们做了顿午饭。让我惊讶的是，每个人都愿意帮我忙。我非常怀念站在厨房当中，看着我的客人们切蔬菜、掰面包碎、准备肉的时光，感觉他们特别支持我，特别善良。几个小时的准备和烹饪后，我们都坐下来享受美食、美酒（当然，除了我。因为我在边上疯狂地拍了一两个小时！）。我们还跳舞，喝了很多约翰酿制的一流的赫顿山谷葡萄酒，一直玩到凌晨，非常开心。和这么多出色的人一起坐在户外篝火边的经历给我留下了最美的回忆，希望他们今后会一直是我的朋友。

感兴趣的话，可以看下我待过的地方的网址：
huttonvale.com
barossaheritagepork.com.au
dairymanscottage.com.au
barossafarmersmarket.com.au
saskiabeer.com

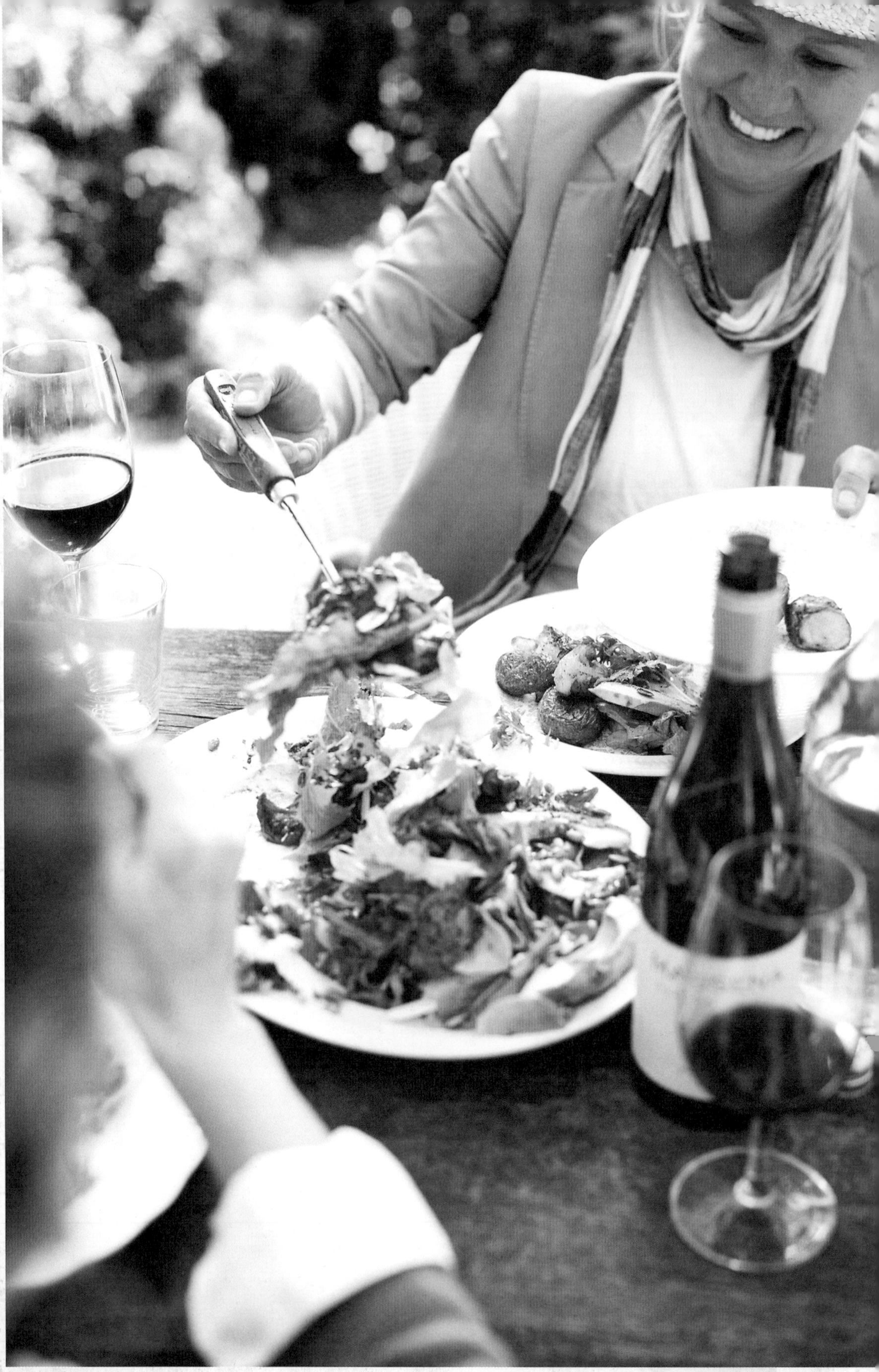

HUTTON VALE

MIXLBS

1ST X LBS

LBS FX

CRUTCHINGS

CATARPO

C PA A

RFA

McDONALD Imperial
ROTAMATIC RELAY PULSATION
MILKING MACHINE

FLOUR
Farm Follies
$8 each 2 for $15
WINE OF THE WEEK
Welcome

HEAT OVEN TEN

SALADS AND SOUPS
色拉和汤

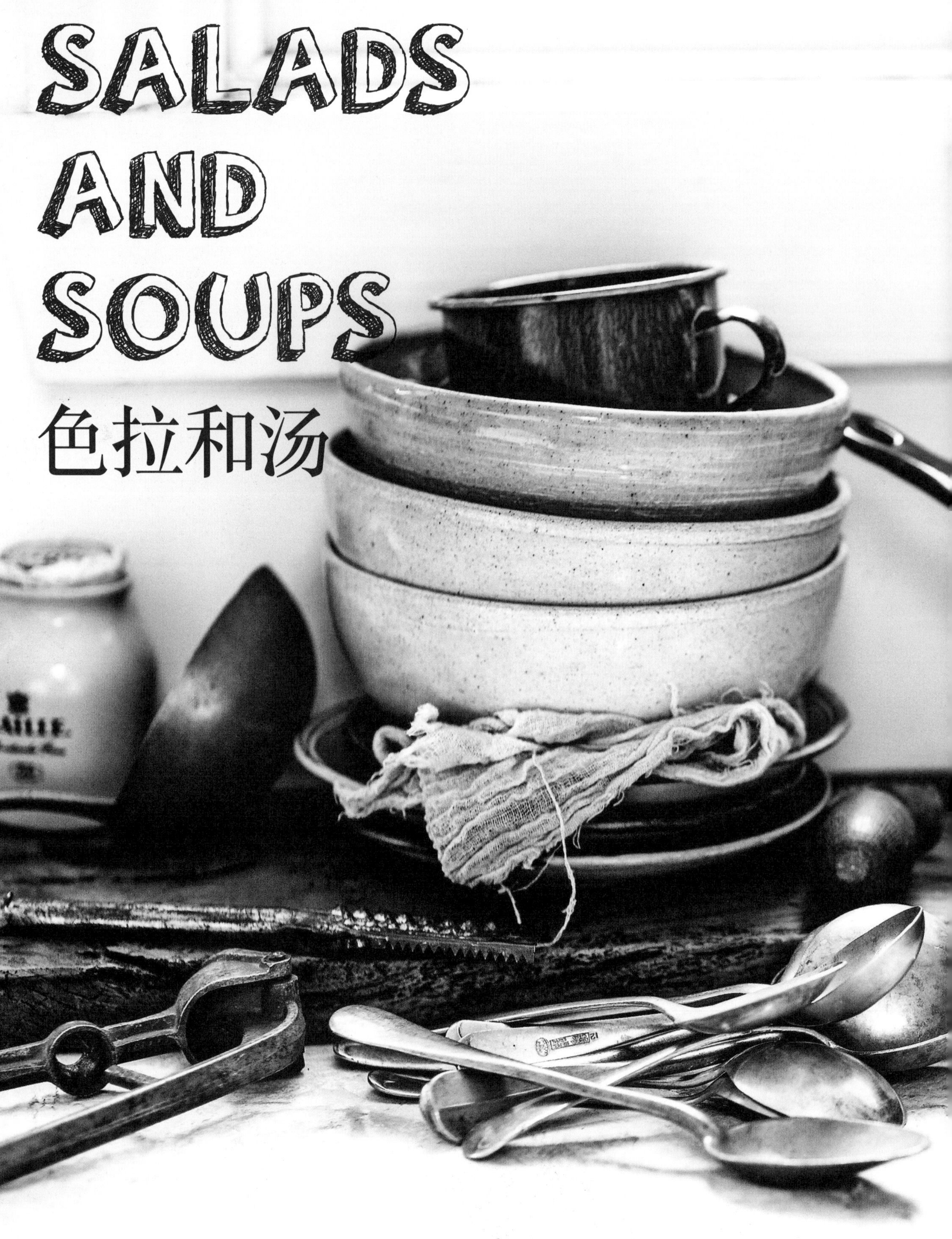

SEEDLINGS

ML46
SOC.
COOP.
A.R.L.

布格麦碎 拌 香草、番茄干色拉

BURGHUL AND HERBS WITH SEMI-DRIED TOMATOES

布格麦碎是我给美国的*Eating Well*杂志拍摄专题后才开始用的一种食材。它的质地丰富，通常能在经典的中东塔布勒色拉（tabbouleh）中见到。
如果你不要谷蛋白，可以用藜麦来代替它。

6个小番茄，一切四
海盐和现磨黑胡椒粉
橄榄油喷雾
1杯（160克）布格粗麦碎
半杯（70克）南瓜子
半杯（40克）杏仁片
1大把薄荷叶，切碎
1大把罗勒，切碎

4人份配菜

烤箱130℃预热，加开风扇挡；烤盘铺好油纸。

把小番茄块铺在烤盘上，加盐和胡椒粉调味，喷些橄榄油，烤2个小时。烤至差不多半干且周围开始焦黄就好了。

与此同时，把布格麦碎倒进一个碗里，加2½杯（625毫升）冷水，放置1小时。然后沥干水分，备用。

把南瓜子和杏仁片撒到另一个烤盘上，和之前的小番茄一起再烤12分钟左右，差不多烤熟后拿出来，放一边冷却。

把所有食材放到一个大碗里，调味、混合均匀后就好端上桌了。

烟熏鳟鱼、鸡蛋和土豆色拉

SMOKED TROUT, EGG AND POTATO SALAD

这道色拉里的食材放在一起，效果是不可思议的好。

没有用完的蛋黄酱放在密封容器中，可冷藏保存3天。

3个青苹果，切半，去核，切薄片
半个柠檬的柠檬汁
500克小土豆
8个小萝卜，切薄片
冰水
4个土鸡蛋
2大把西洋菜
400克热烟熏鳟鱼鱼排，去皮，切成片
海盐和现磨黑胡椒粉
特级初榨橄榄油
1把薄荷叶（可选）

苹果酒蛋黄酱
2个土鸡蛋蛋黄
1汤匙柠檬汁
海盐
半杯（125毫升）菜籽油
2茶勺第戎酱
2茶勺苹果醋
3汤匙干苹果酒
现磨白胡椒粉

4人份主菜，或6～8人份配菜

将切好的苹果片放在碗里，撒上柠檬汁以防止苹果氧化。用之前沥干水分。

大的炖锅加盐水煮开，把土豆放进去，减到中火炖20~25分钟至土豆煮熟（刀可以轻易插到中心）。沥干水分搁一边放凉，然后切成1厘米厚的片。

在炖土豆期间，把萝卜片放到一碗冰水里冰10分钟，然后沥干。

炖锅加凉水，把鸡蛋放进去用大火煮开后，改为中火煮3分钟。然后停止加热，把鸡蛋捞出放进凉水里。待鸡蛋拿起来不烫后，把鸡蛋去壳，纵向切半，搁一边备用。

苹果酒蛋黄酱的做法：把蛋黄、柠檬汁和一点盐放到食品料理机的容器里，高速打1分钟，机器还在转的时候缓缓加入菜籽油，直到蛋黄酱变得黏稠光滑。再加入第戎酱、苹果醋和苹果酒，用海盐和白胡椒粉调味，再搅打拌匀（大概会有240克）。

把苹果、土豆、萝卜、鸡蛋、西洋菜和烟熏鳟鱼拌在一起，再拌入蛋黄酱。适当调味后淋一些橄榄油，有薄荷叶的话，装盘的时候适当加一些作点缀。

意大利熏火腿、无花果和碳烤桃肉色拉

PROSCIUTTO, FIG AND CHARGRILLED PEACH SALAD

这道色拉，我用的是圣丹尼尔牌（San Daniele）的意大利熏火腿和我最喜欢的蓝纹乳酪——爱尔兰卡谢尔蓝纹乳酪（Irish Cashel Blue）。这种蓝纹乳酪像奶油一样醇厚，但味道不会太浓烈，所以不会盖过其他味道。如果当季没有西洋菜，就用芝麻菜代替。

8个新鲜的无花果，纵向切半
半杯（125毫升）清淡型龙舌兰糖浆（见第10页）
1⅓杯（200克）碧根果
8个熟黄桃，切半，去核
淡味橄榄油喷雾
12片意大利熏火腿
200克优质蓝纹乳酪，捏碎块
1把西洋菜
1把薄荷叶
海盐和现磨黑胡椒粉

甜奶油酱
100克鲜奶油
2茶勺清淡型龙舌兰糖浆（见第10页）
1个小柠檬的柠檬汁
1茶勺第戎酱

8人份配菜

烤箱180℃预热，加开风扇挡；烤盘铺好油纸。

把无花果切面朝上放烤盘，淋1汤匙的龙舌兰糖浆，烤7分钟后取出放一边。

在烤无花果时，把碧根果放不粘炒锅里用中火干炒4~5分钟，不时晃下锅，炒到轻微焦黄。再加1勺龙舌兰糖浆和碧根果拌均匀，放一边冷却后，纵向切片。

将桃肉块的肉面喷一些橄榄油。把剩下的龙舌兰糖浆和1/3杯（80毫升）冷水倒入碗中混合。

中火加热碳烤锅，直到快冒烟时，把桃子一批批放上去，肉面朝下，烤2~3分钟直到桃肉上出现碳烤纹。翻过来再烤1分钟后，用勺子小心地舀一些龙舌兰糖浆水到桃肉上（会溅出来，发出嗞嗞声），再烤1分钟左右后取出，把每个半块切半或者切成3片。

制作甜奶油酱：只要把所有材料放在一个碗里搅打混合好就可以了。

装盘时，把色拉食材放到一个大的浅盘上，适当调味，上面再加些甜奶油酱。吃的时候，可把剩下的酱放一旁，需要时再加。

明虾与腌黄瓜荞麦面

NOODLES WITH PRAWNS AND PICKLED CUCUMBER

这是道酸甜可口的菜肴，冷热皆宜，非常适合作为夏日的午餐。不用担心自制腌黄瓜会很难，基本没人会失败。而且一旦开始尝试，就会上瘾。海苔片我们可以在健康食品专卖店或者亚洲食品店里买到。

800克生明虾，去头留尾，清理虾线
180克荞麦面
2根红辣椒，去籽切片
日本酱油或者生抽少许

酱油姜汁腌料
2汤勺日本酱油或者生抽
2汤勺糙米醋
1汤勺味淋
1茶勺鱼露
1茶勺白砂糖
半茶勺姜末（细末压紧）

腌黄瓜
1汤勺白砂糖
1汤勺黑芝麻
1茶勺海苔片
1根长黄瓜，切成1厘米见方的黄瓜丁
海盐少许

4人份午餐轻食

首先，将腌料部分的所有调料倒进较大的浅盘里搅拌均匀。接着放入明虾翻搅，确保虾肉都裹上腌料。盖上保鲜膜放冰箱冷藏室腌1个小时。

在腌虾期间，将腌黄瓜的调料和黄瓜丁、辣椒一起放进碗里拌好，放冰箱冷藏半小时。可根据自己需要适当加些盐或糖。

中火将炒锅加热，连汁一起放入明虾煮2分钟，待虾熟、汁水差不多收干即可关火，搁一边放凉。

平底锅加水煮沸后，倒入荞麦面煮3分钟，捞出用凉水冲凉。

将荞麦面、明虾、腌黄瓜丁和辣椒一起放入碗中搅拌，然后倒入盘中，淋上少许酱油或者生抽，最后点缀一些香菜。

藜麦和葡萄色拉

QUINOA AND GRAPE SALAD

香槟葡萄个头小，但是非常甜。如果你买不到的话，可以用无籽的小黑葡萄代替，大的红葡萄切半也可以。

1杯（190克）红色藜麦，洗干净
1汤匙橄榄油
半茶勺肉桂粉
1听400克的鹰嘴豆，冲洗沥干
海盐和现磨黑胡椒粉
半个小的红洋葱，切小粒
1个长条绿辣椒，去籽切小粒
1大把薄荷叶，切碎，留一些装饰
2杯（300克）黑香槟葡萄或者2杯（380克）红色（黑色）无籽葡萄，切半或者留整个
1杯（130克）蔓越莓干
1杯（160克）杏仁，烘烤后切碎
1汤匙特级初榨橄榄油
1个柠檬的柠檬汁和柠檬皮碎
1把小菠菜叶

6人份配菜

炖锅放2杯水（500毫升），加藜麦大火煮到开。然后改小火炖25分钟直到藜麦煮软，水分吸收得差不多时，搁一边放凉。

在炖藜麦期间，拿一个大的不粘平底锅加点油，中火加热，加肉桂翻炒10秒。再加鹰嘴豆，适当调味并翻炒6~8分钟（小心，可能有水会溅出来），直到鹰嘴豆变脆、呈金黄色，放一边冷却。

将冷却后的藜麦和鹰嘴豆放一个碗里混合，再加入洋葱、辣椒、薄荷、葡萄、蔓越莓干和杏仁，搅拌均匀。

拿一个小碗，将初榨橄榄油和柠檬皮、柠檬汁一起搅打，加盐调味，然后倒在色拉上，搅拌均匀。

上桌的时候可再撒些菠菜叶和薄荷叶在上面。

胡椒牛肉脆面

PEPPERED BEEF WITH CRISPY NOODLES

在为这道菜煎牛肉的时候，我会在炒锅里铺一张油纸，
因为意大利香醋里的糖分会很容易烧焦，瞬间就能把你的炒锅毁了。
如果你能买到的话，就用意大利萨丁尼亚岛产的佩科里诺干酪，
或者用产自托斯卡纳的佩科里诺托斯卡纳干酪。

150克荞麦面
海盐和现磨黑胡椒粉
1汤匙意大利香醋
2汤匙特级初榨橄榄油，最后还需要另撒一些
1块400克的牛里脊肉，去掉筋膜（可以让卖肉的帮你处理）
半杯（80克）松子
3杯（750毫升）米糠油
2大把芝麻菜，大致切碎
100克佩科里诺干酪，擦薄片
柠檬块，装盘用

4人份

用一个深平底锅烧水，微沸后把荞麦面放进去煮3分钟，然后沥干，放纸巾上彻底吸干水分。

用手将三四撮海盐碾碎在盘子上，加3茶勺现磨的黑胡椒粉混合。

将意大利香醋和1汤匙的橄榄油倒入一个碗里，把牛里脊肉放进去翻两下，腌1分钟后拿起来甩一甩，再放到装盐和胡椒粉的盘子里滚一下。

炒锅里铺一层油纸，边缘修一下，不要超过锅沿。加入剩下的橄榄油中火加热，把牛里脊肉放进来每面煎6~7分钟（五成熟）。关火，把肉拿出来放一边凉一下，然后切片。

炒锅用中小火加热，把松子放炒锅里炒6~7分钟，炒至稍微焦黄即可。

厚底炖锅放米糠油，加热到180℃。然后一小把一小把地放面条，每批炒1分钟（小心，油可能会冒泡溅出来）。用夹子把面条翻一翻再炒1~2分钟，直到面条变脆呈金黄色。用漏勺把面条捞起来，放在纸巾上沥掉一些油。待所有面条都煎好放凉后，把它们压碎，掰成小段。

装盘时，将肉、脆面、松子、芝麻菜和干酪撒在一块大的板或者大浅盘上，再淋一些橄榄油，加些柠檬块。

法诺小麦、菲达奶酪和柠檬松子色拉

FARRO WITH FETA, LEMON AND PINE NUTS

法诺小麦是意大利的一种谷物，谷蛋白含量低。它像坚果一样质地很棒，运用广泛，我做色拉时就经常用到它。我喜欢“厨师之选”这个牌子，里面的法诺小麦是整粒未去壳的。如果你用去了壳的，记得调整下煮的时间。法诺小麦可以在健康食品店和一些超市里买到。

250克整粒法诺小麦
1篮250克的小番茄，一切四
1根绿色长辣椒，切碎
半杯（80克）松子，烘烤好
半个红洋葱，切碎
2瓣大蒜，切末
1大把扁叶欧芹，切碎
1大把罗勒，切碎，另加一些装饰
1大把薄荷叶，切碎
1大把芝麻菜，切碎
200克菲达奶酪
1个柠檬的柠檬汁和柠檬皮丝
2汤匙特级初榨橄榄油
海盐和现磨黑胡椒粉

4人份配菜

炖锅加2杯（500毫升）水，倒入法诺小麦，盖上盖子煮到开。然后改小火再煮30分钟左右至小麦彻底煮熟。用凉水将小麦冲一下，然后尽可能把水分沥干。

拿一个大碗，把法诺小麦、番茄、辣椒、松子、洋葱、蒜、香草和芝麻菜一起放进去拌好，然后撒些菲达奶酪小块进去。最后加柠檬汁、柠檬皮丝以及橄榄油，调味尝一下。

装盘时，把剩下的菲达奶酪掰成小块撒在上面，再加些罗勒叶。

凯蒂的意面色拉

KATIE'S PASTA SALAD

每个人都喜欢在烧烤的时候来一份好吃的意面色拉。这是我的版本，
混合了各种风味和质地，五彩缤纷。

200克意式培根（PANCETTA），切薄片
500克意大利贝壳面
2根甜玉米，去外壳
1个红洋葱，切小粒
红、黄、橙色灯笼椒各1个，去籽去茎，切小丁
1根长黄瓜，切成5毫米见方的丁
1篮250克的小番茄，一切四
100克去核的青橄榄，切薄片
100克盐渍酸豆，漂洗干净
半杯（80克）松子，烤过
¼杯（40克）奇亚籽
16片较大的罗勒叶，切碎
葱末，点缀用

拌料

3汤匙特级初榨橄榄油
2汤匙苹果醋
半茶勺法国芥末酱
海盐和现磨黑胡椒粉

6～8人份配菜

烤箱180℃预热，加开风扇挡；准备2个烤盘，铺好油纸。

把意式培根放烤盘上烤12~15分钟直到变脆，从烤箱中取出，稍稍放凉后掰碎成小块。

根据意大利贝壳面包装上的说明来煮面，煮好后用漏勺捞出，用凉水冲。

与此同时，用一个炖锅烧开水煮玉米，煮2~3分钟后用漏勺捞出，沥掉多余的水分。
然后直接把玉米放置火上用中火烤1~2分钟后关火，将玉米粒烤到微微焦。
放一边冷却后，竖在砧板上，用一把锋利的刀把玉米粒小心地切下来，放在大碗里。

将除葱以外的所有色拉食材和玉米一起放碗里拌好。

拌料部分，把油、醋和芥末酱一起搅打混合，然后加盐和胡椒粉调味，
最后倒在色拉上拌均匀。端上桌前表面再撒点葱末。

鹰嘴豆和石榴拌中东小米

COUSCOUS WITH SPICED CHICKPEAS AND POMEGRANATE

这道色拉非常适合和碳烤的肉类一起吃，尤其是羊肉。石榴籽在这里增加了水果风味，而且非常好看，跟珠宝似的。

1杯（200克）中东小米（couscous）
海盐和现磨黑胡椒粉
1¼杯（100克）杏仁片
1汤匙橄榄油
1听400克的鹰嘴豆，冲洗干净后沥干水分
1茶勺孜然粉
1个柠檬的柠檬汁和柠檬皮丝
2个石榴的籽
1大把薄荷，叶子撕碎
特级初榨橄榄油

4人份配菜

根据中东小米包装上的说明来煮米。有隆起的地方用叉子戳开，适当调味后用大碗盛起。

炒锅用中火加热，加入杏仁片翻炒5分钟左右至颜色金黄。盛出放一边冷却。

同个炒锅倒油，中火加热，加鹰嘴豆、孜然粉、盐和胡椒粉翻炒8~10分钟，直到鹰嘴豆变脆，呈金黄色。加柠檬汁，再炒一两分钟，然后和杏仁一起倒入放有中东小米的碗里。

接着把石榴籽、薄荷叶、柠檬皮丝放进去，再撒一些橄榄油搅拌均匀。吃之前再加些盐和胡椒粉调味。

甜玉米、黑米和奇亚籽色拉

SWEETCORN, BLACK RICE AND CHIA SALAD

黑米一般可以在健康食品店里买到，它是糙米的一个很好的替代品。如果找不到的话，就用你喜欢的随便哪种米替代吧。这道色拉口感清新、有嚼劲，特别适合搭配墨西哥菜，或者烧烤的鱼或鸡肉。

1杯（200克）黑米
2根玉米，去外壳
1篮250克的小番茄，对半切
4根葱，理好切丝
1大把扁叶欧芹
1大把薄荷叶
1½汤匙奇亚籽，另备一点装饰用
1个大青柠的青柠汁和柠檬皮丝
1汤匙特级初榨橄榄油
海盐和现磨黑胡椒粉

4～6人份配菜

根据黑米包装上的说明来煮米，煮好后捞出。放凉水下冲一下，沥干，搁一边冷却。

与此同时，用炖锅烧开水，然后加入玉米，煮2~3分钟后用漏勺捞出，将水沥干。将每根玉米放置火上用中火烤1~2分钟，将玉米粒烤到微微焦。冷却后竖着放砧板上，用一把锋利的刀把玉米粒小心地切下来，放大碗里。然后加番茄、葱、香草和奇亚籽。

把柠檬皮丝、柠檬汁和橄榄油一起放碗里搅打，适当调味后倒在色拉上，稍微搅拌一下。

最后吃的时候再点缀些奇亚籽。

香辣南瓜与苹果培根浓汤

SPICED PUMPKIN AND APPLE SOUP WITH BACON

这汤绝对是我最喜欢的，是绝佳的晚宴前菜，我每次做都会收到很多赞誉。以前从来没想过汤里可以放苹果，但苹果和南瓜配在一起效果很好，而且相较于培根和香料的味道，苹果正好适当地增加了一些甜度。

⅓杯（50克）南瓜子
1茶勺孜然籽
1茶勺香菜籽
1茶勺干鼠尾草
1千克冬南瓜（BUTTERNUT SQUASH/PUMKIN），去皮去籽，切成3厘米见方的块
70毫升橄榄油
海盐和现磨黑胡椒粉
2个青苹果，削皮，去核，切成3厘米见方的块
500克培根，切小粒
1个洋葱，切碎
3瓣大蒜，切末
1升鸡汤
120克山羊奶酪

4人份

烤箱180℃预热，加开风扇挡；准备2个烤盘，铺油纸。把南瓜子撒烤盘上烤5分钟至淡金黄色。

用一个小的不粘炒锅，把孜然籽和香菜籽小火翻炒2~3分钟炒香。然后倒入石臼，和干鼠尾草一起用杵碾碎成粉。

把南瓜、碾碎的香料和2汤匙油一起放大碗里搅拌，适当调味。然后把南瓜一片片铺在烤盘上烤30分钟，再把苹果加进去，一起烤20分钟，直到南瓜和苹果都已烤软。

与此同时，用大的炒锅加2茶勺油中火加热，加培根翻炒5分钟，待肉炒成金黄色后捞出，放纸巾上吸掉多余的油分。

把炒锅里剩下的油继续加热，加洋葱、大蒜和一点盐翻炒3~4分钟将洋葱炒软，再和南瓜、2杯鸡汤（500毫升）、一半山羊奶酪、一半培根一起放进搅拌机搅打均匀。

把打好的南瓜泥倒进大的平底炒锅里，加入剩余的鸡汤，中火煮8~10分钟，汁水稍微收一点即可关火。适当调味。

装盘时，把汤分在小碗里，撒上剩下的培根和山羊奶酪，最后点缀些烤过的南瓜子和一点现磨的黑胡椒粉。

纽约胡萝卜姜汤

CARROT AND GINGER NYC SOUP

2013年我在纽约参加詹姆斯·比尔德颁奖典礼期间，在著名的十一麦迪逊公园（Eleven Madison Park）餐厅定了晚餐。晚餐有16道菜，所以为了这次盛宴我决定白天尽可能少吃点或者干脆不吃。在5个小时的市中心购物后，差不多下午四点我就饿了。我走进格林威治村的一个酒吧，和老板聊了会儿，她给我推荐了一小碗他们的胡萝卜姜汤，味道棒极了。这里是我自己的版本。

6根大胡萝卜，切小粒
半茶勺茴香籽
3汤匙橄榄油
1个洋葱，切碎粒
3瓣大蒜，切薄片
2根西芹，切小粒
1块3厘米长的姜，去皮，磨成姜末
3枝百里香，除下叶子，另留几枝作为装饰
1.5升蔬菜浓汤
酸奶油和核桃面包（见第209页），配汤吃

6人份

烤箱180℃预热，加开风扇挡；准备2个烤盘，铺油纸。

把胡萝卜、茴香籽和2汤匙橄榄油放在一个碗里，适当调味拌均匀。将胡萝卜整齐地平铺在烤盘上烤30~40分钟直到胡萝卜变软，开始焦化，之后取出放一边。

用一个大的平底炒锅加1勺橄榄油，中火加热。把洋葱和蒜炒3~4分钟直到洋葱变软，加西芹煮3~4分钟。撒姜末、百里香叶，加蔬菜浓汤和烤好的胡萝卜，煮开后改用小火炖25~30分钟直到汤变黏稠，不时搅一搅。关火后用手持搅拌器搅打均匀。

用碗分装，上面倒些酸奶油，撒些百里香小枝，再加些现磨黑胡椒粉，配核桃面包一起吃。

NEW YORK
HOUSE NUMBER
AND
TRANSIT GUIDE
HAGSTROM COMPANY
EXPLANATION
Subway Lines (I R T West Side)
Subway Lines (I R T East Side)
Subway Lines (B M T)
Subway, 42nd St. Shuttle
Subway Lines (IND)
Subway Express Stations
Subway Local Stations
Elevated Lines
Elevated Express Stations
Elevated Local Stations
Hudson Tubes
Playgrounds
2, 350 ETC. House Numbers
Surface Lines
Bus Lines
Main Auto Routes

Water

鱼肉和蛤蜊浓汤

FISH AND CLAM CHOWDER

几年前我在美国马萨诸塞州的普罗温斯顿旅行时喝到一道海鲜浓汤，做这个汤是受了它的启发。我喜欢用鳕鱼或者蓝眼鳕鱼来做这道汤，不过也可以用任何肉多的白鱼。

1千克蛤蜊
1汤匙橄榄油
250克培根，切成细长条
1个洋葱，切碎粒
2瓣大蒜，切末
2汤匙面粉
1升鱼汤
5枝百里香，捆成一捆
1片月桂叶
500克蜡质土豆，切成2～3厘米见方的块
海盐和现磨黑胡椒粉
1杯（250毫升）牛奶
1杯（250毫升）纯奶油
500克白鱼鱼排，去皮去骨，切成3厘米见方的块
扁叶西芹切小粒
硬壳面包，配汤吃

4～6人份

把蛤蜊浸在凉水里半小时以去除沙粒，洗净、沥干水分后放在一边。

大的平底锅中火加热，加勺橄榄油，加入培根炒3~4分钟，加洋葱和蒜再炒2~3分钟直到洋葱变软，接着加面粉翻炒均匀。

加高汤、百里香、月桂叶和土豆，加盐和胡椒调味。煮开后，改用中小火再煮20分钟直到土豆足够软（可以用刀戳进去看一下）。

然后加牛奶和奶油。开到大火，把蛤蜊和鱼肉放进去煮3~4分钟，不断搅拌，直到蛤蜊壳张开即说明煮好了，此时鱼肉也差不多熟了，即刻装盘。

吃前撒些现磨的新鲜黑胡椒粉和西芹粒，配面包一起吃。

ROAST TOMATO, LENTIL AND CHICKPEA SOUP

烤番茄、豌豆和鹰嘴豆浓汤

这是道冬季暖心的汤，也特别适合素食主义者。如果你想要更辣一点，就自己多加些哈里萨辣酱吧。吃的时候可以配面包一起吃。

1.5千克罗马番茄，纵向切半
2个红色灯笼椒，去籽去茎，每个切成8块
海盐和现磨黑胡椒粉
¼杯（60毫升）特级初榨橄榄油
1个大的红洋葱，切丁
4瓣大蒜，切末
2根西芹，切薄片
2个红辣椒，去籽切丁
1½茶勺哈里萨辣椒酱
2听（800克）剁碎的番茄
1茶勺烟熏辣椒粉（PAPRIKA）
半茶勺孜然粉
2杯（500毫升）蔬菜浓汤
2听（800克）扁豆，洗好沥干
2听（800克）的鹰嘴豆，洗好沥干
酸奶和百里香，装盘用

6～8人份

烤箱160℃预热，加开风扇挡；烤盘铺油纸。

把番茄和灯笼椒放烤盘上，切面朝上，撒些盐和2汤匙的橄榄油，烤1个小时，烤至番茄边缘变焦黄，灯笼椒变软。然后把灯笼椒的皮撕掉。

在烤番茄和灯笼椒期间，用一只大的厚底平底锅，把剩下的油倒进去中火加热，加洋葱炒3~4分钟直到洋葱炒软。加蒜末再翻炒3~4分钟，把蒜煸香。接着加西芹粒和辣椒丁翻炒4~5分钟，拌入哈里萨辣椒酱，再把听装番茄、辣椒粉和孜然粉放进去煮5~6分钟。

把锅端出灶台，加入烤好的番茄和灯笼椒，再用手持搅拌器搅打成泥，然后中火加热，倒入蔬菜浓汤，加盐和胡椒粉调味，炖10分钟。

最后加扁豆和鹰嘴豆，再热上1分钟，适当调味，趁热吃。吃的时候再撒些现磨的黑胡椒粉，面上倒一圈酸奶，点缀些百里香。

IN Dublin's fair city

都柏林的一个周末

JOHN JAMESON & SON
ESTABLISHED 1780
JJ&S
PURE POT STILL
DUBLIN WHISKEY.
SPECIAL
MEATBALLS
IRISH STEW
RELAX WITH A GLASS OF WINE
RESTAURANT
OPEN

"All Sorrows are less with bread."
Don Quixote
THE COAST OF CALIFORNIA
TOM KILLION
DESIGN·SPONGE at HOME
THE STORY OF WINE
PICASSO
1001 FOODS YOU MUST TRY BEFORE YOU DIE
ROMAN POLANSKI
RODDY DOYLE
THE BARRYTOWN TRILOGY
Crime Comics
Cuba
Costa Rica
Spain
Ghana
CENTURY
GARDNER'S ART THROUGH THE AGES
Essential DALI
THE POWER OF THE POSTER
Tuscany Interiors
USA
IRELAND
FEDERICO FELLINI
River Cottage everyday
Vegetarian
Eat Your Veg
Essential KLIMT
White
Wines by the glass

URSDAY [17-348]
FRIDAY [18-347]
TURDAY [19-346]
20 SUNDAY

COFFEE
ESPRESSO 2.00/2.20
MACHIATO 2.20/2.40
LONG BLACK 2.40
FLAT WHITE 2.70
CAPPUCCINO 2.70
HOT CHOCOLATE 3.00
TEAS 2.00

去年我回了趟家乡都柏林。距离上一次踏上故土已经有段时间了，所以我迫不及待地想和我所有的小伙伴，还有姐姐及她的家人叙叙旧。我在生日那天飞回来，在一家时髦的叫复古鸡尾酒酒吧的地方和一大帮朋友聚了聚。这家酒吧藏在Temple酒吧区，与我一直最喜欢的都柏林McDaids酒吧相隔一段距离，在Grafton街附近。McDaids酒吧是纯正的爱尔兰酒吧，去那里的基本都是当地人，游客很少。那会儿天气很好，30℃，是都柏林少有的晴天。城市里都是人，大家都喜欢出来在街上喝杯吉尼斯黑啤。

在我逗留期间，我完全沉浸在都柏林迅速发展的美食行业里。不得了，完全大变样！全城到处都是新的时髦酷炫的餐厅，而且一周七天都营业。我在一些特别棒的地方拍了非常多的照片。爱尔兰近几年经济下滑，所以看到这些发展时，我的心里很是欣慰。

爱尔兰餐饮业主约翰·法雷尔开了一系列很棒的本土连锁餐厅，有快餐店Dillinger's，牛排店Butcher Grill，还有他超赞的墨西哥小饭馆777。如果你来都柏林，这些餐馆都值得一去。另一个我喜欢的地方叫The Fumbally，是一个时尚的咖啡屋。他们的色拉和三明治带有中东风味，特别好吃。这里吸引了很多年轻人，用餐环境非常轻松，内装也很有创意。Mayfield是另一个吃早午饭或者晚餐的休闲餐馆，老板是个出色的年轻人，叫凯文·伯恩。Mayfield地方老旧却别致，食物吃起来既舒服又暖心。虽然离市区有点距离，但是搭辆公交车过去也不需要太久。

回去待足够长时间，看看所有的家人和朋友对我来说是很开心的。生活在地球另一边，我会非常想念他们，而悉尼和都柏林之间的时差让打电话也变成了麻烦事。我希望尽可能用多一点的时间陪他们，所以我在朋友科尔姆家里安排了很多次聚会（记得我第一本书里写的他的汤吗？）。我用书里的菜谱做了一些菜，和我的姐姐以及学校里的旧友艾米丽、茱莉、瑞贝卡、萨拉，当然还有她们可爱的孩子们叙旧，玩得很开心。

2006年我离开爱尔兰的时候，我唯一的侄女爱丽卡才3岁，现在她都11岁了。她这些年的成长岁月我都错过了，所以只要有时间我就会和她一起聊聊天。天气特别好的时候，我们在我姐姐家里搞了很多次烧烤。我的姐夫克劳迪欧很有魅力。他是巴西人，简直就是个烧烤超人。应该说，他是地球上最擅长烤香肠的人之一。

以下是我去过的一些地方，感兴趣的话可以看下它们的网站：

vintagecocktailclub.com
mcdaidsirishpub.com
dillingers.ie
thebutchergrill.ie
777.ie
thefumbally.ie
mayfieldeatery.ie

菜单

藜麦和葡萄色拉 *page* 56

青柠香草烤鸡肉 *page* 100

西班牙辣香肠和番茄塔 *page* 112

苹果黑莓榛子酥皮方块 *page* 274

PLEASE
OFF THE GRASS
PLEASE
NOT WALK ON
HE GRAVES
Gaedeal Comluct Taigde Um
Urradair Náisiúnta, Teo.
E IRISH NATIONAL ASSURANCE CO., LTD.
ad Office—30 COLLEGE GREEN, DUBLIN
he Clergy and all Irish-Irelanders, by insuring their Lives
d Property with the Irish National, will be helping to
rengthen the Industrial Arm of the Irish Nation.
This is the only IRISH LIFE AND GENERAL ASSURANCE COMPANY, and is DIRECTED AND STAFFED BY IRISH-IRELANDERS.
5,000,000 are drained out of Ireland yearly in Assurance
remiums by Foreign Companies. We are fighting to keep
his great sum at home for the use of the Irish People.
YOU CAN HELP US
e have £20,000 invested in Irish Trustee Stocks as Security
r our Policyholders. Our total assets after only two year's
ork amount to nearly £50,000. Our Present Income
£1,000 per week, and increasing by leaps and bounds.
We guarantee that all our Funds will be invested in Irish Enterprises.
An Irish National Agency is a paying proposition, and we have openings for some good workers
BUSINESS TRANSACTED:
ife, Fire, Live Stock, Endowment, Burglary, Motor
ar, Plate Glass, Sickness, Accident, etc.
DIRECTORS:
RENCE CASEY, Managing Director
. CULLETON
RAIC Ó MAILLE, T.D.
. MANGAN
JOHN CUMMINS, D.C.
P. St. L. O'DEA
JAMES A. BURKE, T.D.
EAMONN O'DUIBHIR
OYAL EXCHANGE
ASSURANCE
LILYS
15/6/13
NATALIA
WAS
HERE
15/6/13
LOUNGE
JOHN KEHOE 9
9 JOHN
Céad Míle Fáilte
LITTLE RICHARD
THE BEATLES
TOWER BALLROOM
OCT. 12 - 1962
1/3
1/6
IRISH MIST

Being Somewhat of a
Bullshitter Myself
I Always Enjoy Listening
to an Expert
Please do Carry On!
DANGER
WITHIN
KEEP OUT
LIMITED
Est 1821

POULTRY, MEAT AND FISH

家禽、肉和鱼

TO-DA[Y]
PRICE
4/8
PER LB.

ARMOURS
Loins OF
SPRING Lamb

S OF
amb

ARMO[URS]
CHICKEN
PORTIONS

水牛城风味炸鸡翅蘸蓝纹奶酪蛋黄酱

BUFFALO-INSPIRED WINGS WITH BLUE-CHEESE MAYO

1997年第一次去纽约的时候，我去了格林威治村一家叫Down the Hatch的酒吧，它家的“原子鸡翅”至今都非常出名。那是一种用辣味的“水牛”酱（据说起源于美国水牛城）裹的炸鸡翅。我吃了非常多，从那以后就吃上瘾了。所以我花了好几年时间在厨房不断试验，试图完善我的酱料版本。现在，我终于可以向你们推出了！这里是一些小技巧：辣酱可以在精选熟食店里买到（我用Crystal牌的，你们在thegourmetgrocer.com.au的网站上也可以买到）。不要用塔巴斯科辣酱替代，因为对这个方子来说它过于辣了。还有，应在最后锅离开火的时候再加黄油，不然酱会溅出来。

12个土鸡鸡翅
淡味橄榄油喷雾
1汤匙面粉
1茶勺卡宴（CAYENNE）辣椒粉
1茶勺甜辣椒粉（SWEET PAPRIKA）
1茶勺洋葱盐
西芹条，作为配菜

蓝纹奶酪蛋黄酱

3个土鸡蛋蛋黄
1汤匙白醋
2汤匙柠檬汁
海盐
1杯（250毫升）葵花籽油或者菜籽油
1尖茶勺第戎酱
2汤匙淡味酸奶油
150克蓝纹奶酪

自制水牛城风味辣酱

1杯（250毫升）白醋
2汤匙蜂蜜
2½汤匙辣椒酱
1茶勺甜辣椒粉
1茶勺大蒜粉
半茶勺玉米粉
1汤匙柠檬汁
1茶勺黄油

4～6人份

翻页继续

BEE
NUT
Thank You!
MON TO SAT
5 TO 1145
SUN
5 TO 11
WEEKENDS
11 TO 230
RRY OUT
AILABLE

水牛城风味炸鸡翅 蘸 蓝纹奶酪蛋黄酱

BUFFALO-INSPIRED WINGS WITH BLUE-CHEESE MAYO

烤箱180℃预热，加开风扇挡；准备两个烤盘，铺好油纸。

鸡翅去掉翅尖，关节部分一切为二。用纸巾擦干，然后稍微喷点橄榄油。

用一个自封口塑料袋，把面粉、卡宴辣椒粉、甜辣椒粉和洋葱盐一起放进去摇一摇混合均匀。再把鸡翅放进去晃一晃，让鸡翅沾满调料。

把鸡翅拿出来，铺烤盘上烤半小时，用夹子取出烤盘，把鸡翅翻个身（用纸巾擦掉多余水分），再放回烤箱烤半小时，直到鸡翅皮脆，色泽金黄，彻底烤透。

在烤鸡翅期间做蛋黄酱。把蛋黄、白醋、柠檬汁和一小撮盐放进食品料理机里，高速搅打，当中缓慢匀速地倒油进去，最后就可以打出浓稠顺滑的蛋黄酱。接着加入第戎酱、酸奶油和蓝纹奶酪，再搅打均匀。最后倒入酱料盘里放凉，待用。

水牛城风味辣酱的做法：把白醋、蜂蜜、辣酱、甜辣椒粉、大蒜粉和1/2杯水（125毫升）一起倒入平底锅中，水烧开后减为中火煮10~15分钟。在一个小杯中把玉米粉和1汤匙水拌均匀，然后倒入锅里持续搅打5分钟至微沸，接着拌入柠檬汁，小火煮1~2分钟后关火。这时拌进黄油，待其融化后酱汁就会变得光滑柔顺（不要再加热，不然会溅出来）。

用有内衬的篮子给鸡翅装盘，淋上酱汁（保留局部淋不到，这样鸡翅会一直是脆的）。趁热用蓝纹奶酪蛋黄酱和西芹条配着吃。

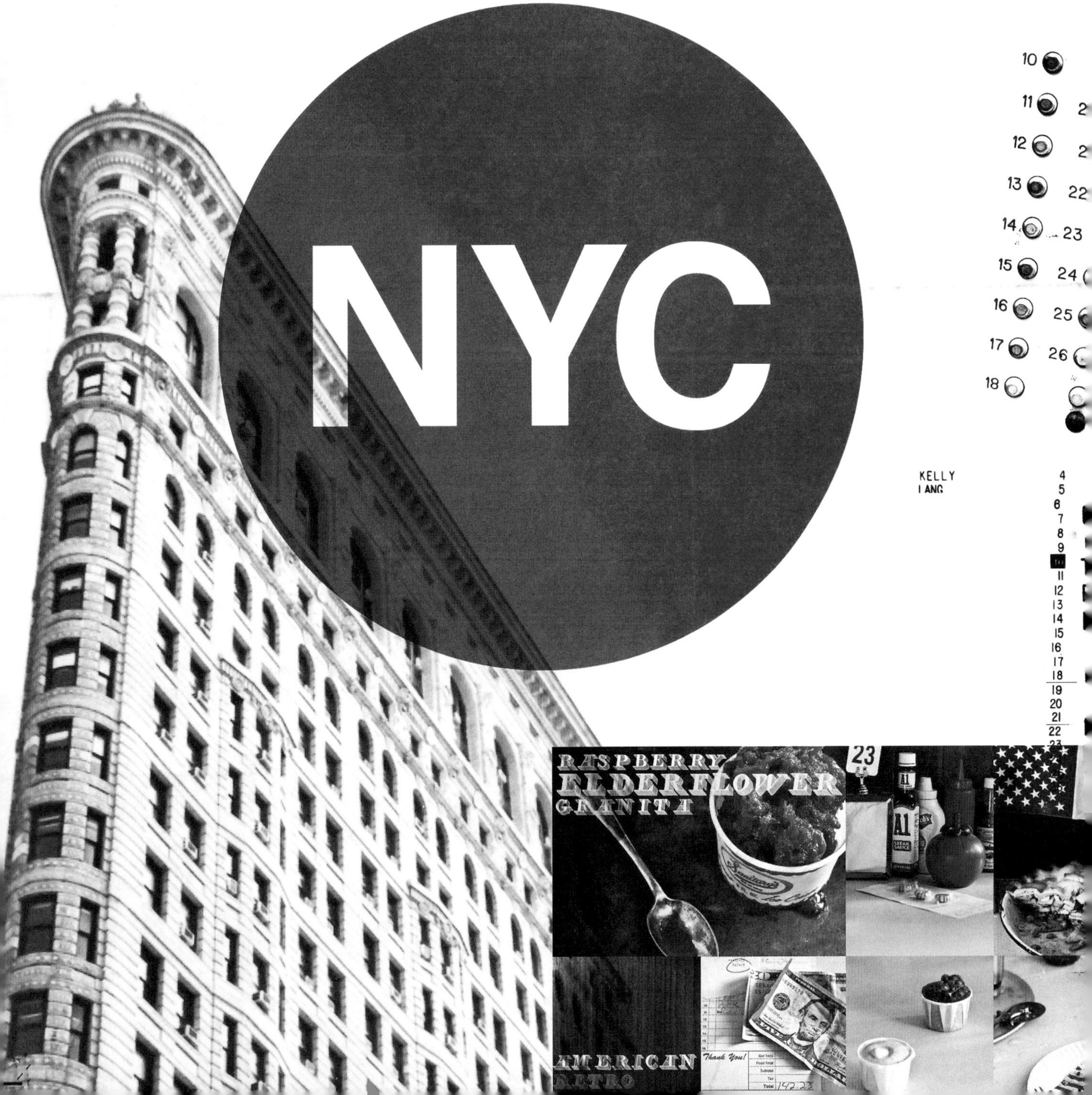
NYC
KELLY
LANG
RASPBERRY
ELDERFLOWER
GRANITA
AMERICAN
RETRO
Thank You!

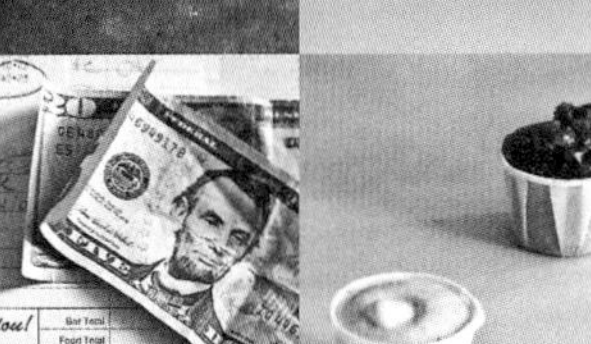

LIBERTY
201-488-9300
212-986-2121

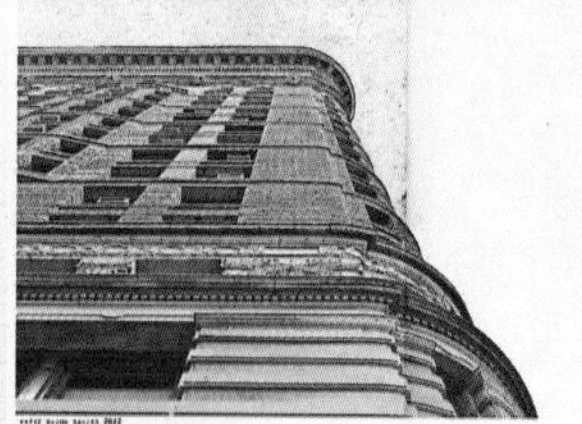

SHOULD BE.
GO REAL
#tastereal
Van Wagner
the CORNER DELI
est. 1932
El Camino
SS
RADIAL G/T
Houston Street
Station
1 Uptown &
The Bronx
Enter with or buy MetroC
at all times or see agent
at Houston Street
LIQUORS
buvet
42 Grove St. NYC

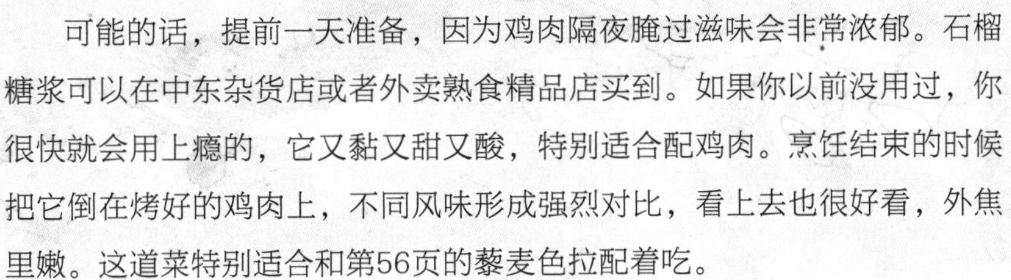

可能的话，提前一天准备，因为鸡肉隔夜腌过滋味会非常浓郁。石榴糖浆可以在中东杂货店或者外卖熟食精品店买到。如果你以前没用过，你很快就会用上瘾的，它又黏又甜又酸，特别适合配鸡肉。烹饪结束的时候把它倒在烤好的鸡肉上，不同风味形成强烈对比，看上去也很好看，外焦里嫩。这道菜特别适合和第56页的藜麦色拉配着吃。

石榴鸡肉

POMEGRANATE CHICKEN

12块（土鸡）鸡大腿肉，去皮、去除多余脂肪
石榴糖浆（可选）
薄荷叶和石榴籽，装盘用

石榴糖浆腌料

2汤匙橄榄油
⅓杯（80毫升）石榴糖浆
1个柠檬的柠檬汁
3瓣大蒜，切末
2汤匙第戎酱
2汤匙雪利酒醋
2枝薄荷，摘下叶子，切碎
海盐和现磨黑胡椒粉

4～6人份

把制石榴糖浆腌料的所有材料放到一个容器中搅拌，然后倒进自封口食品袋里，放进鸡腿肉后密封，晃一晃拌好。放冰箱冷藏室腌至少6个小时（可以的话最好隔夜）。

碳烤平底锅加热，或者用烧烤盘架在炉子上，中火加热。鸡腿肉分批烤，每批烤5~6分钟，翻身再烤5~6分钟直到外皮焦黄，彻底烤熟。

有石榴糖浆的话，就在鸡腿肉表面撒一些，再装饰些石榴籽和薄荷叶。趁热吃。

香脆鸡腿肉 配 甜咸蘸料
CRUNCHY CHICKEN WITH SWEET-SALTY DIPPING SAUCE

如果有朋友来，这道菜会是个很健康的选择，小孩子也会喜欢。
日本酱油可以在亚洲食品店和外卖熟食店买到。

8块（土鸡）鸡大腿肉，去皮、去除多余脂肪
3汤匙日本酱油
3汤匙淡型龙舌兰糖浆（见第10页）
¾杯（20克）藜麦（PUFFED QUINOA）
¾杯（75克）藜麦麦片（ROLLED QUINOA FLAKES）
¾杯（105克）黑芝麻或者白芝麻（或者混合的也可以）
现磨黑胡椒粉

甜咸蘸料
4汤匙日本酱油
2汤匙清淡型龙舌兰糖浆（见第10页）
2汤匙味淋
1个长条红辣椒，去籽切片
2～3根葱，理好切丝
2瓣大蒜，切末
几枝香菜

4人份

把鸡腿肉纵向切半。将日本酱油和龙舌兰糖浆倒入浅盘混合，然后放入鸡肉裹一下酱汁。包好保鲜膜放冰箱冷藏1小时。

烤箱180℃预热，加开风扇挡；准备2个烤盘，铺好油纸。

把藜麦、藜麦麦片、芝麻和一撮黑胡椒粉放一个大碗里混合。将鸡肉从冰箱里取出，从酱汁里捞出来让肉上的酱汁流掉，再放到碗里裹上藜麦混合物。最后放到烤盘上。

鸡肉烤20~45分钟，直到表面烤脆且色泽金黄，彻底烤透。

在烤鸡肉期间做甜咸蘸料。将日本酱油、龙舌兰糖浆、味淋和1汤匙水放到一个罐子里搅拌混合，然后倒入碗中，加辣椒、葱、蒜和香菜。

鸡肉趁热吃，佐以甜咸蘸料。

No. 100

青柠香草烤鸡肉

GRILLED CHICKEN WITH LIME AND HERBS

这个配方里你会用到2/3杯（160毫升）青柠汁。如果新鲜的青柠下市了或者太贵，你也可以用瓶装的代替。

6个青柠，再额外留些装盘用
2汤匙橄榄油
1个长条绿辣椒，去籽，切碎粒
1把薄荷，切碎，再额外留少许用于装饰
1把香菜，切碎，再额外留几枝用于装饰
海盐和现磨黑胡椒粉
12个（土鸡）鸡大腿肉，去皮、去掉多余脂肪
切薄片的绿辣椒，装饰用

6人份

拿两个青柠的皮擦丝，放大碗里，接着把6个青柠的汁加进去，挤过的青柠壳留着。接着加橄榄油、辣椒和香草，用盐和黑胡椒调味。

把鸡肉放到腌料里裹一下，把挤过汁的青柠壳散放在上面，盖起来放冰箱腌3~4小时。

烤之前，先把鸡肉从冰箱里拿出恢复到室温。

把碳烤平底锅或者烧烤盘架在炉子上，中高火加热。需要的话就一批批烤。用夹子把鸡肉放到烧烤平底锅上，放之前抖掉表面的腌料。烤10~12分钟，不时翻转一下，直到烤出碳烤纹且彻底烤透。

趁热吃，吃的时候再撒些辣椒片、薄荷、香菜和青柠块。

脆皮鸡肉夹墨西哥玉米饼

CRISPY CHICKEN TACOS

这个炸鸡太好吃了，你会想把它们直接吃掉，而不是夹进墨西哥玉米饼里去。如果你赶时间，做卷心菜色拉用的酱可以买现成的，就不用自己做了。辣酱可以在精品熟食外卖店里买到（我用Crystal牌的，在thegourmetgrocer.com.au这个网站可以买到）。

600克（土鸡）鸡腿肉，去皮、去除多余脂肪，纵向对半切
¾杯（180毫升）白脱牛奶
1～2茶勺塔巴斯科辣酱
海盐
2个玉米棒，去外壳
1个长条辣椒，切末
现磨黑胡椒粉
半杯（100克）米粉
半杯（75克）面粉
米糠油，煎炸用
8个墨西哥玉米饼
青柠汁、辣酱或者烟熏辣椒酱（见第28页）和香菜，装盘用

奶油卷心菜色拉
1个土鸡鸡蛋黄
1¾汤匙柠檬汁
海盐
100毫升菜籽油
2茶勺第戎酱
1茶勺白酒醋
2汤匙淡味酸奶油
200克红色卷心菜，切细丝
200克白卷心菜，切细丝
1个胡萝卜，擦丝（大概需要150克）

4人份

将鸡肉放到碗中，加白脱牛奶、塔巴斯科辣酱和一撮盐。手洗干净，给鸡肉彻底裹一层料，盖上保鲜膜放冰箱腌1~2个小时。

在腌鸡肉期间做卷心菜色拉酱。把蛋黄、1汤匙柠檬汁和一撮盐放到食品料理机的缸里，高速搅打，中间匀速缓缓地加油进去，直到搅拌得黏稠、顺滑。接着加第戎酱、白酒醋和酸奶油搅拌均匀。倒入碗中，盖上保鲜膜放冰箱。

玉米用水煮2~3分钟，拿夹子捞出，沥掉多余水分，直接放炉子上中火烤1~2分钟，不停翻一翻，直到玉米粒烤黑，搁一边放凉。然后竖着放砧板上，用一把锋利的刀把玉米粒切下来，放在碗里，加辣椒拌好，调味。

将所有粉类食材放在一个碗里，把鸡肉从腌料里拿出来甩一甩，然后抹上面粉。

大的厚底平底锅放油至1/4高度，大火加热直到油温达到180℃，然后减为中火。分批炸鸡腿，一次炸8块左右，翻一两次，炸4分钟直到表皮变脆呈金黄色，彻底炸透。用纸巾吸掉多余的油，然后放入盘中，加盐调味，盖上锡箔纸。

碳烤锅或者炒锅高火加热，把玉米饼两面烤到略焦，搁到盘子上用锡箔纸盖好保温，再接着烤剩下的玉米饼。

色拉部分，把卷心菜丝和胡萝卜丝一起放碗里，加一半的色拉酱料和剩下的柠檬汁，搅拌均匀。

吃的时候，在温热玉米饼上加一点卷心菜色拉和玉米，上面放炸脆的鸡肉，挤点青柠汁，再来点酱料和剩下的色拉调味料，最后点缀些香菜就好了。

培根、甘蓝和杏仁填烤鸡

ROAST CHICKEN WITH BACON, KALE AND ALMOND STUFFING

这是我的晚宴主打菜，做起来又快又容易。我在巴罗莎午餐会（见第32~41页）上做了，大受欢迎。我特别喜欢填塞的馅料，经常多做一些和烤鸡一起吃。你也可以用在第二天吃的三明治里面。

培根甘蓝杏仁填充馅
1个洋葱，切碎粒
3瓣大蒜，去皮
50克杏仁
1把扁叶欧芹
2枝迷迭香，摘下叶子切碎
150克酸酵种面包，去外皮
250克培根，切小粒
130克羽衣甘蓝，去茎，叶子切细丝
1～2片腌制柠檬皮，冲洗后切小粒
1个苹果，擦丝
海盐和现磨黑胡椒粉

1个1.5千克的土鸡
40克无盐黄油，室温软化
海盐
1汤匙橄榄油
2～3个柠檬，切半或者切块
几枝迷迭香（可选）

4人份

烤箱180℃预热，加开风扇挡。

把洋葱和蒜放到食品料理机里打碎，不用打成泥，然后放到大碗里。接着把杏仁放到料理机里打碎（打成中等小颗粒就好），也倒进碗里。再把香草放料理机里打碎，一起放碗里。最后把面包打成面包碎倒进碗里。接着加培根、甘蓝、腌制柠檬皮和苹果，再加点黑胡椒粉调味，混合均匀，放一边备用。

小心地把鸡皮从鸡胸那里分开，注意不要把皮弄破。把半块黄油滑到两边的鸡胸皮下面，然后用手指隔着鸡皮小心地把里面的黄油涂抹开。

给鸡肚子里调味。拿两把前面做的填充食材捏成松松的球，塞进鸡胸腔里，注意不要塞得太满。用厨房用绳把鸡腿绑起来，这样可以保证填充物塞在里面。剩下的填充食材放锡箔纸上揉成香肠的形状包起来。

把鸡放到烤盘上，用盐和黑胡椒调味，撒点橄榄油。有的话，就在鸡旁边放些柠檬和迷迭香，一起烤30分钟，然后把锡箔纸包的填充馅料放进烤箱，再接着烤40分钟，直到鸡肉彻底烤熟，鸡皮变脆，色泽金黄。

用餐时，鸡肉先放10分钟再切。吃的时候可以和多出来的填充食材一起吃。

No. 106

印度香辣羊排

INDIAN-SPICED LAMB CUTLETS

这道菜用在烧烤聚会或者平常的晚餐聚会上特别棒。它滋味丰富，很快就会被抢光。因为它是如此受欢迎，所以我通常会按每人四块羊排的分量做。吃的时候直接装一盘，客人自己动手就好。它和中东小米与鹰嘴豆色拉特别配（见第65页），配土豆泥也不错（第160页）。有时间的话尽量提前一天准备，因为羊肉如果腌过夜的话会更加入味。

16块羊排，用法式切法把肋骨突出部分的肉剔光（你可以让卖肉的帮你处理）；以及一些柠檬切块，装盘用

印度香料腌料

⅓杯（80毫升）橄榄油

3茶勺伽拉姆马萨拉

1茶勺孜然粉

1茶勺干牛至

3瓣大蒜，切末

1把扁叶欧芹，切碎

1把薄荷叶，切碎

1个大柠檬的柠檬汁和柠檬皮丝

海盐和现磨黑胡椒粉

4人份

将所有腌料食材放在罐子里或者碗里，用盐和黑胡椒调味，搅打拌匀。倒入自封口的塑料袋里，装入羊排密封好后摇一摇。放冰箱腌至少6个小时（可以的话尽量隔夜）。

碳烤锅加热，或者用烧烤盘直接架炉盘上中高火加热。分批烤羊排，每面煎2分钟至差不多五成熟，趁热端上桌，可以一起放一些柠檬块。

羊腿派

LAMB SHANK PIE

冬天的晚餐聚会做这个一定超赞。准备这个也很欢乐，而且它绝对会让宾客对你刮目相看。这个派特别适合和土豆泥（见第166页）一起吃，配酒的话我会选比较浓郁的酒，解百纳与西拉子混合的红酒最为理想。

6～8人份

¼杯（35克）面粉
8个300克的羊腿，去掉多余脂肪
2汤匙米糠油
2个棕洋葱，一切四
2根胡萝卜，切成2厘米厚的圆片
3根西芹，切小粒
8瓣大蒜，去皮
1瓶750毫升的优质红酒
6枝迷迭香，4枝摘下叶子
4枝百里香，摘下叶子
3杯（750毫升）牛肉高汤
1汤匙番茄酱（泥）
2汤匙李派林喼汁
1汤匙第戎酱
海盐和现磨黑胡椒粉
1个大柠檬的柠檬皮丝
1张优质的派皮
1个土鸡蛋的蛋黄混合一点牛奶

烤箱135℃预热，加开风扇挡。

把面粉放盘子里，接着放入羊腿使其裹一层面粉。

用一个大的炖锅加油中火加热，分批把羊腿煎熟，保证每个面都煎到，然后放到纸巾上沥掉些油。

把洋葱、胡萝卜、西芹和蒜放锅里，把羊腿放上面，倒入3/4的红酒（剩下的用来喝），再撒上迷迭香和百里香的叶子。

将高汤、番茄酱、李派林喼汁和第戎酱放在一个大碗或罐子里，搅拌均匀，加盐和黑胡椒调味。然后把它倒在羊腿上，撒上柠檬皮丝，盖上锅盖，放烤箱烤4~5个小时直到羊肉烤得很软。

把锅从烤箱里取出，羊肉盛到大碗里，搁一边放凉。然后把肉从骨头上剔下来（这时会很容易），放到一只干净碗里。留六七根骨头凉水冲干净放一边。

把肉倒进一个3升的派盘里，再用一个漏勺把锅里煮好的蔬菜舀进来搅拌在一起，注意调味。

将锅里汤汁中的油脂舀掉，中大火加热，煮开后转为中火再煮25~30分钟，直到汤汁剩下差不多1/3，变得非常黏稠。

烤箱190℃预热，加开风扇挡。把酱汁倒在派盘里的食材上，小心把派皮盖在面上，靠盘边的地方捏紧封好。用一把锋利的小刀在派皮上切六七个口子，把干净的骨头插上去。用蛋液刷一遍派皮。

烤35~40分钟直到派皮蓬松，色泽金黄。趁热吃。

香辣羊肉和柠檬

SPICED LAMB WITH LEMON

周六下午来场烧烤好吗？没问题。这道菜很适合大的聚会，因为你只要做两三个羊腿，切下来就可以装盘了。用第60页的法诺色拉一起配着吃（你甚至可以放些皮塔面包，用面包夹肉和色拉吃，连盘子也不用了）。

8个小豆蔻豆荚
1汤匙香菜籽
1汤匙茴香籽
1茶勺肉桂粉
海盐和现磨黑胡椒粉
1个柠檬的皮丝，另留2个纵向切4块，去籽
4瓣大蒜，拍碎
¾杯（180毫升）特级初榨橄榄油
1块1.5千克的去骨羊腿肉，切开摊平

6人份

用刀背把豆蔻压开，把籽取出，和香菜籽、茴香籽一起放不粘平底锅里用中小火煸2分钟爆香。

把煸好的香料和肉桂粉一起倒入研磨钵中，加1茶勺盐、1茶勺黑胡椒粉，用研磨棒捣成粉。再加柠檬皮丝、蒜、橄榄油，捣成糊状。

把羊肉放到浅盘上，用手把之前做的腌料均匀揉进羊肉里，盖好放冰箱腌4个小时。腌到3小时的时候把烤箱开到180℃预热。

烤盘铺油纸，把柠檬块铺在烤盘上，放烤箱烤1小时。然后取出搁一边备用。

高温加热烧烤盘或者碳烤锅。将羊肉从冰箱中取出放烤盘上，每面烤5~6分钟至五分熟。

肉烤好后放15分钟再切。

装盘时，盘子上铺好油纸，再放上羊肉。周围放些烤过的柠檬，撒些海盐。

西班牙辣香肠和番茄塔

CHORIZO AND TOMATO TART

上一次回都柏林老家时，我在一家食品店里发现一种五彩缤纷、非常漂亮的祖传番茄。我把它们带回家，用冰箱里现成的西班牙香肠、一大把罗勒、一盒特好看的迷你香草、一瓶陈年的意大利香醋和这些番茄做了这道菜。超级简单，作为夏日周末早午餐或者前菜都非常靓丽。如果你能找到卡列姆起酥皮（澳洲起酥皮品牌，是一个位于巴罗莎的家族企业，致力于生产高品质的起酥皮成品），效果会更好。

1张优质的起酥皮
1个土鸡蛋蛋黄，混一点牛奶
220克优质西班牙辣香肠，切薄片
8～10个（400克）番茄，切片
海盐和现磨黑胡椒粉
⅓杯（80毫升）特级初榨橄榄油
1小把罗勒，另留些装饰用（可选）
迷你香草和花，装饰用（可选）

4人份午餐轻食

烤箱180℃预热，加开风扇挡；烤盘铺油纸。

把起酥皮平铺在烤盘上，刷一层蛋液。用一把锋利的小刀沿着酥皮边1.5厘米的地方划一道，注意不要划破。中间用叉戳一些空洞。酥皮当中放一张折起来边长为20厘米的正方形油纸，用一个小的锅盖轻轻压住。

将酥皮盲烤20分钟，从烤箱中取出。把锅盖和油纸拿开，将香肠片和番茄平铺在酥皮上，需要的话可以适当重叠。用盐和黑胡椒粉调味，洒1汤匙的橄榄油，烤25~30分钟，直到酥皮周边膨胀开，色泽金黄。

在烤酥皮期间，把罗勒和剩下的橄榄油打成糊，用盐和胡椒调味。

吃的时候，把罗勒橄榄油淋在塔上，如果有罗勒叶或者迷你香草和花的话，可放一些作点缀。

炸猪肉卷配苹果萝卜奶油色拉

PORK FLAUTAS WITH CREAMY APPLE AND RADISH SLAW

这些包了馅油炸过的玉米卷可不是给矜持的人吃的，用它们来喂一群饿鬼再合适不过了。记得留一些拌色拉的酱来蘸这些卷，味道很好。炸好后立即吃，趁它还是脆的。

2茶勺香菜籽
1茶勺香芹籽
2茶勺大蒜粉
1茶勺海盐
1茶勺甜辣椒粉
1茶勺肉桂粉
2茶勺可可粉
1茶勺干辣椒片
1茶勺洋葱粉
半杯（125毫升）墨西哥辣椒酱（见第28页）
¼杯（60毫升）橄榄油
1块2千克的猪肩肉，带骨
2个棕洋葱，一切四
6瓣大蒜，带皮
1个胡萝卜，切成2厘米厚的圆片
2杯（500毫升）苹果酒
10～12片墨西哥玉米饼
米糠油或者橄榄油，煎炸用

苹果萝卜奶油色拉
1汤匙苹果酒醋
半杯（150克）优质蛋黄酱
¼杯（60克）酸奶油
1个柠檬的汁和柠檬皮丝
200克红卷心菜，切细丝
8个小萝卜，削皮，用蔬果刨擦成细丝
1个青苹果，去核，切成细长丝，洒上柠檬汁
1把香菜叶

4～8人份

烤箱140℃预热，加开风扇挡。

将香菜籽和香芹籽放小平底锅里中小火爆香，然后倒入研磨钵里，加大蒜粉、盐、甜椒粉、肉桂粉、可可粉、干辣椒片和洋葱粉一起用研磨棒捣碎混合，接着倒进一个大的烤盘中，加烟熏辣椒酱、橄榄油搅拌均匀。加猪肉，用手把肉和腌料揉搓均匀。

把洋葱、大蒜和胡萝卜排放在猪肉旁边，倒入苹果酒，再加1杯（250毫升）水，放入烤箱，烤4.5小时。不时检查，保证水分不蒸发完（中途如果发现快干了就加点水）。

猪肉凉15分钟后再拿到砧板上，用两只叉把肉从骨头上剔下来。用漏勺把烤盘里的蔬菜捞出丢掉，再把剔好的肉放回烤盘，和里面的酱料拌一拌。

烤箱130℃预热，加开风扇挡。找块干净的地方把玉米饼铺开，然后把猪肉分放在每块玉米饼上，放在饼中间呈条状，再把饼卷起来用牙签固定好。

用大的厚底炒锅加1厘米深的油，加热到160~170℃。两三个一起煎，每个面煎1~2分钟直到颜色金黄、表面脆亮，然后放到纸巾上沥掉些油。把煎好的放烤箱里保温再煎剩下的。

色拉的做法：将醋、蛋黄酱、酸奶油、柠檬皮丝和柠檬汁放一个小碗里混合均匀。将卷心菜、萝卜和苹果放一个大碗里，加一半拌料搅拌均匀，再撒上香菜。

把牙签从猪肉卷上拿掉，横向切一半。吃的时候可以配色拉以及剩下的一半拌料。

EST 1899
TAYLOR, LAW & CO., LTD.

PISTONHEAD
FULL THROTTLE

CHIPOTLE, LIME AND JALAPENO RIBS

墨西哥辣排骨

这个菜谱是本书里我最爱的菜谱之一，缘于我目前对于任何有墨西哥辣椒的东西都极其偏爱。这道菜既黏又甜，既辣又酸，特别适合周末做上一盘，再配点冰啤酒一起食用。

1.5千克猪肋排
1杯（250毫升）墨西哥烟熏辣椒酱（见第28页）
1杯（250毫升）清淡型龙舌兰糖浆（见第10页）
4个青柠的柠檬皮丝
1杯（250毫升）青柠汁
3个墨西哥辣椒、去籽切薄片
海盐
青柠块及香菜，点缀用

4人份

烤箱180℃预热，加开风扇挡。

用一个大的炖锅烧水，水开后放排骨，煮30分钟，不时把水面上的油脂撇出来。

把烟熏辣椒酱、龙舌兰糖浆、青柠皮丝和青柠汁、辣椒以及一点盐一起放碗里搅打拌匀。

把排骨放烤盘里，淋上酱料，烤15分钟。烤箱减到150℃再烤1小时或者1小时15分钟，每15分钟涂一次酱，或者等排骨上的汁水黏稠焦化的时候涂抹。

趁热装盘。旁边放些青柠块，上面撒些香菜。

No. 118

苹果酒枫糖浆烤猪肉

ROAST PORK WITH CIDER AND MAPLE SYRUP

很多年前，我妈妈教会我做填充馅料和烤猪里脊的技艺。那之后我就经常在晚餐聚会和周末的午餐做这个。早前我曾提及自己特别喜欢填充馅料，而且我经常会多做一些填充馅料，和猪肉一起吃，或者留着作为第二天的三明治。

2条400克的猪里脊
海盐和现磨黑胡椒粉
¼杯（60毫升）枫糖浆
2汤匙橄榄油
3杯（750毫升）干苹果酒
1杯（250毫升）淡味奶油

西梅苹果填充馅
1个棕洋葱，切碎
4瓣大蒜，切蒜末
150克去核西梅干，切小粒
100克夏威夷果，烤熟切碎粒
100克新鲜的面包碎
2个青苹果，擦细丝
1把扁叶西芹，切小粒
8～10片鼠尾草叶，切碎
5枝百里香，摘下叶子
海盐和现磨黑胡椒粉

4人份

烤箱190℃预热，加开风扇挡。

把所有填充馅料食材放在一个碗里混合好。

把猪里脊放在一个干净平台上，用盐和黑胡椒粉调味。然后把1/3的填充馅料放在一条里脊上，盖上第二条里脊，调过味的那面朝下。用线绳捆好，间距3厘米。剩下的填充馅料放铝箔纸上，捏成香肠的形状，卷起包好，放一边。

把填好馅料的里脊放烤网上，下面放烤盘。

将枫糖浆、橄榄油和一半的苹果酒放在一个小碗里搅打均匀，然后倒在肉上。将肉烤50分钟到1个小时，直到猪里脊烤透，外皮焦糖化。再把锡纸包的香肠状填充馅料放进烤箱烤25分钟。将猪里脊盛到盘子上，盖好保温，把烤好的填充馅料放旁边。

将滴了很多肉汁的烤盘拿到炉子上高火加热，加入剩下的苹果酒。煮10~12分钟直到汁水减掉1/3。倒入奶油搅打，再煮3~4分钟，直到肉汁看起来很黏稠。

将猪里脊切成厚块，和苹果酒肉汁一起吃，旁边放上一些额外烤的填充馅料。

慢烤猪肉酱意面

SLOW-ROASTED PORK RAGU

这道菜既温暖又好吃，可以配上等的红酒一起享受。如果你有时间自己做意大利面会更好，不过我发现最后我总是去买新鲜的或者干的面条来做这个。

2个洋葱，一切四
1整头蒜，掰好去皮
1瓶750毫升的优质红酒
1块1.5千克的带骨猪肩肉
橄榄油，拌菜用
海盐和黑胡椒粉
8个大的罗马番茄，切半
1大把罗勒
2听（800克）切碎的番茄
1汤匙意大利香醋
1汤匙柠檬皮丝
2汤匙切碎的牛至
600克宽面条或者意大利干面条
帕马森奶酪，擦丝

6～8人份

烤箱140℃预热，加开风扇挡。

将洋葱和蒜撒在一个大的烤盘上，倒进半瓶酒，1杯（250毫升）水，架上烤网，把猪肉放上面，淋1勺橄榄油，适当调味，烤3个小时。不时检查一下，如果烤盘里的水差不多干了就再加一点。

猪肉烤3个小时后，将切半的番茄放一个烤盘里，调味并加一勺橄榄油，放进烤箱和猪肉一起烤2个小时直到番茄变软、猪肉烂熟（记得应不时检查烤盘里的水，确保其不要干掉）。

将番茄和猪肉从烤箱中取出。猪肉放砧板上搁一边。把烤盘里的洋葱、蒜和肉汁倒进搅拌机，和烤好的番茄以及番茄汁，还有罗勒叶一起搅拌成顺滑的酱汁。

把搅拌好的肉汁倒进大的平底锅里，加入罐装的番茄。再加入意大利香醋、柠檬皮丝、牛至和剩下的红酒，适当调味，中小火煮45分钟至肉汁变黏稠。

在煮肉汁期间，把猪肉从骨头上剔下来，去皮和脂肪，放一边。

意大利面根据外包装指示煮好，沥掉水分。

把肉放到锅里的肉汁中煮10分钟，直到肉烧热，肉汁更稠。

把面倒进肉汁中拌好，分小碗，吃的时候加现磨的黑胡椒粉，如果有帕马森奶酪，就擦丝撒一些在面上。

REDSTAR®
Romantic
REDSTAR®
Romantic

烟熏辣牛肉拌黑豆

SMOKY BEEF CHILLI WITH BLACK BEANS

我为这个菜谱感到特别骄傲。我花了几个月的时间来完善它，非常好吃，既甜又有烟熏味，特别值得一试。你可以在熟食店买到干的安可辣椒和墨西哥烟熏辣椒。这里的威士忌我用的是杰克丹尼酸麦芽波本，如果你用其他牌子也是可以的。

2个大的干安可辣椒
2个干的墨西哥烟熏辣椒
开水
1千克牛肩肉，去掉多余脂肪，切成3厘米的方块
2汤匙面粉
海盐和现磨黑胡椒粉
4汤匙橄榄油
1个棕洋葱，切丁
4瓣大蒜，切末
2茶勺孜然粉
2茶勺烟熏辣椒粉
1茶勺肉桂粉
1茶勺干牛至
1汤匙可可粉
1升牛肉高汤
⅓杯（80毫升）波本威士忌
1汤匙墨西哥烟熏辣椒酱（见第28页）
1片月桂叶
2个红色灯笼椒，去茎去籽，切成一口大小的块
2听（800克）切碎的番茄
2汤匙番茄酱
2汤匙黑砂糖或者红糖
1听400克的黑豆，冲洗沥干
1听400克的芸豆（即腰豆，KIDNEY BEANS），洗净沥干
香菜，装饰用
蒸糙米饭、酸奶油和乳酪丝，配菜吃

6～8人份

将干辣椒放到一个隔热罐子里，倒进开水，放30分钟后沥出，切碎，保留辣椒籽，放一边。

把牛肉和面粉一起放自封口塑料袋里，适当调味，摇一摇，让牛肉裹上面粉。

用一个大的厚底炖锅，加1勺油中火加热，倒入一半的牛肉炒2~3分钟，每个面都炒熟。盘子上铺好纸巾，把牛肉舀在上面。然后用同样的步骤处理剩下的牛肉。

锅里再加1勺油，中火把蒜和洋葱炒3~4分钟直到洋葱炒软，拌进所有香料和牛至再炒1分钟。

拿一个小杯，将可可粉和2汤匙牛肉高汤搅拌均匀，然后连同剩下的高汤和威士忌一起加到锅里，还有烟熏辣椒酱、月桂叶、灯笼椒、番茄、番茄酱、糖、炒好的牛肉以及切碎的辣椒连籽一起加进去拌均匀，半盖锅盖煮到开，转为小火炖1.5小时直到牛肉煮软。每15分钟搅一下以免锅结底。

把豆子倒进去再煮15分钟，适当调味，加点香菜装饰，和蒸好的米饭、酸奶油和乳酪丝配着一起吃。

ALE

BEEF WELLINGTON 威灵顿牛排

这是非常经典的一道菜，和我做的美味土豆泥很搭（第166页），配上等的西拉红酒也很赞。配方里的面糊分量足够多，可以做七张饼，当中出点差错也没关系。

⅓杯（50克）面粉
1个土鸡蛋
1杯（250毫升）牛奶
2茶勺扁叶西芹，切碎
1茶勺切碎的百里香，留几枝装饰
海盐和现磨黑胡椒粉
橄榄油，烹饪用
1条850克的牛柳，去筋膜（可以让卖肉的帮你处理）
1汤匙第戎酱
1汤匙山葵酱（HORSERADISH CREAM）
1枝迷迭香，摘下叶子，切碎
40克黄油
300克栗子菇（CHESTNUT MUSHROOMS），切碎
6大条意大利熏火腿片
1大张优质起酥皮
1个土鸡蛋蛋黄，加一点牛奶

4～6人份

将面粉筛到一个搅拌容器中，中间挖一个坑，把鸡蛋打进去，慢慢倒入牛奶，搅打混合成光滑的面糊，拌进香草，适当调味。

一个直径20厘米的不粘平底锅中火加热，加足够多的油覆盖整个锅底。然后加2½茶勺的面糊。把锅晃一下，让面糊均匀地盖住锅底，煎1~2分钟至金黄色，然后用铲子翻过来再煎半分钟到1分钟至表面金黄，盛到盘子上。重复同样的步骤煎出4块一样大的圆面饼。

炒锅放2汤匙油加热，煎牛柳，两面煎熟后放一边。混1勺盐和1勺黑胡椒粉在盘子上。将第戎酱、山葵酱和迷迭香混在一个小碗里。用刀把混好的酱抹在牛肉上面，然后把牛肉在盐和黑胡椒里滚一下。

炒锅擦干净，中火化黄油。把蘑菇放进去炒12~15分钟，加点盐，直到大部分水分蒸发，将蘑菇盛起，搁一边放凉。

将意大利熏火腿片铺在一大张油纸上，每片稍有重叠。然后把炒过的蘑菇均匀地铺在火腿片上，边缘留3厘米。接着将牛肉放上面，和火腿片交叉放，然后将边缘的火腿拎起，盖在肉和蘑菇上包好。

再拿一张大的油纸，将4张薄饼放成一个方形，重叠1~2厘米，然后把包了牛肉和蘑菇的火腿片放上来，将油纸从一边拎起，用薄饼将火腿片和牛肉从头到尾卷起来，剥掉油纸。

最后，把起酥皮铺在另一张油纸上，擀成30厘米的方形。把前面做好的卷放到中间，边缘用水湿润一下，可以封实。将起酥皮一边折到牛肉上，底边折进来，然后整个卷过去，让牛肉完全封闭在起酥皮里。将边压紧，然后放到盘子里，有缝的那面朝下，放冰箱冷藏15分钟。

烤箱180℃预热，加开风扇挡，将烤盘放进去一起预热。

起酥皮刷蛋液，然后连油纸一起将酥皮卷放到加热过的烤盘上，烤40分钟直到外皮金黄，肉烤到你需要的程度（如果用食物温度计测量，五分熟大约是55℃）。

取出后放5分钟，然后切成2~3厘米厚的片就可以吃了。

THE 'MANWICH' “MANWICH”汉堡

如果你要取悦你的男人，或者任何一个有着健康食欲的人，用这个汉堡准没错。吃剩的牛肉和洋葱酱可以作为奶酪拼盘的一部分，佐以浓厚的切达奶酪。青酱里的小甘蓝如果找不到的话，也可以用普通的甘蓝叶代替，把中间的茎去掉就可以了。

海盐和现磨黑胡椒粉
2块220克的西冷牛排
8片厚片硬皮面包
1瓣大蒜，切半
30克小菠菜叶
2个熟透的番茄，切片
半杯（150克）优质蛋黄酱，混合3茶勺烧烤酱（可选）

啤酒洋葱酱
1汤匙橄榄油
2个大的红洋葱，切半后切细丝
海盐
2汤匙红糖，压紧
半杯（125毫升）啤酒
2汤匙意大利香醋

菠菜甘蓝青酱
50克小菠菜叶
50克小甘蓝叶
30克核桃
60克山羊奶酪

4人份

啤酒洋葱酱的做法：用一只大的不粘平底锅，加1勺油中火加热，加洋葱和1撮盐，翻炒10~12分钟直到洋葱开始焦化。拌进红糖、啤酒和醋，中小火再翻炒15分钟直到酱汁浓稠，关火放一边。

菠菜甘蓝青酱的做法：将所有材料放到食品料理机里打成光滑浓稠的泥（需要的话可以加1茶勺左右的水稀释一下）。

牛排两面适当调味。中高火加热烧烤盘或者碳烤锅，把牛排两面各煎3~4分钟，或者煎到你喜欢的程度。盛到盘子里放5~6分钟后切成2厘米厚的片。

将面包轻微烤一下，一面用切半的大蒜擦一下。

将一片面包片抹上青酱，加一小把菠菜叶，一些切片的番茄、牛排和一坨啤酒洋葱酱，上面再加点烧烤蛋黄酱（如果有的话）。最后盖上另一片面包，叉上烤肉叉就可以端上桌了。

Deus

松露牛肉汉堡配奶香蘑菇和意大利培根

TRUFFLE BEEF BURGERS WITH CREAMY MUSHROOMS AND PANCETTA

松露盐很贵，但是你只需要很少量，而这很少的量能用很久。你可以在精选美食店或者gourmetgroceronline.com.au的网站上买到。

2汤匙橄榄油
300克香菇，100克切丁，200克切厚片
3枝百里香，摘下叶子
800克瘦牛肉糜
1个小的棕洋葱，切丁
4瓣大蒜，切末
半茶勺松露盐
70克帕马森奶酪，擦丝
3茶勺番茄酱
1茶勺第戎酱
海盐和现磨黑胡椒粉
8薄片意大利培根（PANCETTA）
3汤匙鲜奶油
陈年切达奶酪薄片、生菜叶和番茄片
4个汉堡白面包或者布里欧面包

4人份

大的不粘平底炒锅放1勺油，中火加热。加香菇丁和百里香叶炒2~3分钟直到焦黄，盛到碗里，搁一边放凉。

将肉末、洋葱、蒜、松露盐、帕马森奶酪、番茄酱、第戎酱、盐和胡椒粉一起放碗里，用手混合均匀。然后将其摊成直径11厘米的4个小肉饼，放在垫有纸巾的盘子里。然后盖上保鲜膜，放冰箱里冷藏半小时。

烤箱180℃预热，加开风扇挡，准备两个铺油纸的烤盘。

将意大利培根铺在其中一个烤盘上烤6~10分钟，直到色泽金黄、肉变脆。

烧烤盘预热，或者用碳烤锅将牛肉饼每面烤2~3分钟，然后放到另一个烤盘上，放烤箱烤6~8分钟或者烤到你想要的程度后，从烤箱中取出，搁一边放10分钟。

在烤牛肉饼期间，在平底不粘炒锅中放入剩下的油大火加热，加入切片的香菇，炒3~4分钟直到香菇变软，颜色变棕黄。从炉盘上端出后，拌入鲜奶油，适当调味，倒入碗中。

在每块牛肉饼上放一些之前炒的香菇和百里香，一两片奶酪，然后放烤箱里烤一下让奶酪融化。

组装的时候，把生菜、番茄片和意大利培根放在下层面包上，然后放上加了奶酪和香菇的牛肉饼，最后加上面包盖，和香菇一起端上桌。

辣椒罗望子虾肉咖喱

CHILLI AND TAMARIND PRAWN CURRY

罗望子酱有现成罐装的，但如果要更新鲜的罗望子风味，你可以自己用罗望子的果肉来做。1汤匙果肉加1/4杯（60毫升）水放平底锅里中用大火煮开，然后炖半分钟到1分钟，并用捣土豆泥的工具将果肉打散，直到果肉化开，液体变浓稠。然后倒在细眼筛网上，用勺子背压出要用的罗望子泥，丢掉筛网上的籽和果肉纤维。罗望子和罗望子酱都可以在亚洲食品店里买到。

2汤匙橄榄油
2个棕洋葱，切丁
5瓣大蒜，切末
海盐和现磨黑胡椒粉
2个长条绿辣椒，去籽切丁，再加一些切圆片装饰
2听（800克）剁碎的番茄
3杯（750毫升）鸡汤
2汤匙鱼露
1根柠檬草，仅用白色的部分，切碎
2片泰国柠檬叶，切碎
4根葱，切丝
1汤匙罗望子酱
1听400毫升的椰奶
1千克生的斑节对虾，去虾线、去壳
1大把香菜，切碎，再加一些装饰
2个小青柠的汁和皮丝
蒸米饭，配菜吃

4人份

用一个大的平底锅，加油中火加热。倒入洋葱、蒜和一点盐，翻炒4~5分钟直到洋葱炒软。加辣椒、番茄、鸡汤、鱼露、柠檬草、泰国柠檬叶、葱、罗望子和椰奶拌炒，煮20分钟。

把虾和香菜加进去，用盐和黑胡椒调味，再煮2~3分钟直到虾肉煮熟。拌进柠檬汁和柠檬皮丝，点缀一些额外的辣椒和香菜，和米饭、柠檬块一起配着吃。

海鳟鱼配柠檬香槟酱

OCEAN TROUT WITH LEMON AND CHAMPAGNE SAUCE

这道菜很简单，但滋味却妙不可言，特别适合庆祝晚宴。
现做的煮小土豆和它配在一起很好吃。

1瓶750毫升的干白葡萄酒
2根西芹，切薄片
1个小的球茎茴香，去皮切片，叶子部分留着，大致切碎
1茶勺黑胡椒粒
2个柠檬，切薄片，去籽
1捆龙蒿，拿12片叶子切碎放一边，摘下剩下的叶子
1汤匙盐渍酸豆，冲洗干净
1条1千克的海鳟鱼，留皮去鱼刺（可以让卖鱼的帮你处理）
柠檬百里香，装盘用
现磨黑胡椒粉

柠檬香槟酱
1个土鸡蛋蛋黄
1茶勺白酒醋
1汤匙柠檬汁
海盐和现磨白胡椒粉
1杯（250毫升）葵花籽油
1茶勺第戎酱
⅓杯（80毫升）气泡酒或者香槟

6人份

将酒和2.5升的水倒进一个大烤盘里（我的是26厘米×36厘米×8厘米的烤盘），加西芹、茴香、茴香叶、黑胡椒粒、柠檬片、龙蒿叶和酸豆，中高火煮到开，然后中火煮10~12分钟。

把鱼放进去，有皮的一面朝下，煮5分钟，把汤水不时地舀到鱼身上（如果鱼身浮在水面上，需将它压下去，让其完全浸在汤里）。关火后让鱼再浸10分钟，这段时间里它会继续再煮。

在煮鱼期间做柠檬香槟酱。将蛋黄、醋、柠檬汁和一点盐放到食品料理机的容器中，高速搅打，把油缓慢匀速地加进去，最后打成顺滑黏稠的蛋黄酱。再加第戎酱、白胡椒粉以及切碎的龙蒿叶混合，倒入气泡酒或者香槟快速地搅拌均匀，蛋黄酱就会变得像奶油一样轻盈［大概会做1½杯（450毫升）］。

吃的时候，用两个铲子小心地将鱼移到盘子上，撒些柠檬、百里香叶、胡椒粉，表面淋一些酱汁。

鱼肉墨西哥卷配黑藜麦和甜玉米萨尔萨酱

FISH TACOS WITH BLACK QUINOA AND SWEETCORN SALSA

平时的晚餐我经常做这道菜，但是它作为周末的野餐也是超棒的，只要把所有材料提前准备好，装在塑料容器里，带到目的地组装就可以了。尽量用玉米面做的墨西哥卷饼，而不是普通面粉做的，配甜玉米萨尔萨酱更好吃。这里有一个小贴士：煮玉米的水不要放盐，不然会把玉米煮硬。

600克澳洲鲈鱼鱼排，去皮、去骨，切成2～3厘米见方的方块
2汤匙特级初榨橄榄油
3个青柠，再加些额外的切成块，装盘用
海盐和现磨黑胡椒粉
半杯（95克）黑藜麦
2根甜玉米，去外壳
1篮250克的樱桃番茄，一切四
4根葱，切细丝
半个小的红洋葱，切丁
2个墨西哥辣椒或者长条辣椒，去籽切丁
1大把薄荷
1大把香菜
200克酸奶油
12个墨西哥玉米饼（20厘米直径），加热好

4人份

将鱼放入碗中，加1勺油，撒上一个青柠的皮丝和两个青柠的汁。适当调味，盖保鲜膜放冰箱腌1个小时。

在腌鱼时，将藜麦放入深平底锅中，加1杯（250克）冷水，煮开，然后减至中小火，盖盖子炖半小时，中间不时搅动，直到藜麦煮熟，水分都被吸收进去，搁一边放凉。

另烧一锅水，水开后放玉米煮2~3分钟，用钳子捞起，沥掉多余水分，然后直接放炉火上烤1~2分钟。不时翻一翻，直到玉米粒开始变黑，搁一边稍稍放凉。然后竖在砧板上，用锋利的刀小心地把玉米粒切下来，放在碗里。完全冷却后，加番茄、葱、红洋葱和辣椒，挤半个青柠的汁进去，静置半小时，使其入味。

拿1/3的薄荷和香菜切碎，加到玉米碗里做萨尔萨酱，适当调味、搅拌均匀后放一边。

将酸奶油和剩下的半个青柠的汁混合在小碗里，备用。

将剩下的香菜大致切断（留一些最后装饰用），放碗里。鱼肉沥掉腌料，在香草里裹一遍。剩下的油用一个大的不粘炒锅中大火加热，将鱼肉煎1~2分钟至熟，快要散开前关火。

撒一些青柠味的酸奶油在玉米饼上，上面放藜麦、萨尔萨酱和鱼肉，再装饰一些剩下的香草，吃的时候配上切块的青柠。

海鳟鱼与土豆、奇亚籽乳蛋饼

CHIA-SEED QUICHE WITH OCEAN TROUT AND POTATO

“岳母大人”周六来吃午饭的话，这道菜就是不二之选。没时间的话，可以用现成的酸奶油酥皮或者一般起酥皮。超市里可以买到迷你香草，品种也很多。小酢浆草特别适合和鳟鱼配。

400克小土豆，擦洗干净
1汤匙橄榄油
275克白卷心菜，切细丝
6个土鸡蛋
半杯（125毫升）牛奶
半杯（120克）鲜奶油，打发
1把莳萝，剪成小段
2汤匙奇亚籽
海盐和现磨黑胡椒粉
1条200克的烟熏海鳟鱼鱼排，去皮去骨，切片
1把迷你香草（可选）
蔬菜色拉，配菜

奇亚籽酸奶油派皮

270克面粉，额外留一些
150克无盐黄油，冷藏状态下切块
海盐
⅓杯（80克）酸奶油
2汤匙奇亚籽

6～8人份

奇亚籽酸奶油派皮的做法：将面粉、黄油和1/2茶勺的盐放到食品料理机的容器中搅打成面包碎屑状，加酸奶油和奇亚籽，继续搅打成团（会比较软，碰着有点黏）。

料理台表面稍微撒些面粉，将面团压成盘状，用保险膜包起来，放冰箱冷藏半小时。

在发面期间，用一个大的平底锅烧盐水，水开后放入土豆，减至中火煮20~25分钟，直到刀可以轻易插至土豆中间。将土豆捞出，沥掉水分后搁一边放凉，然后切成1厘米厚的厚片。

烤箱180℃预热，加开风扇挡。准备一个28厘米直径的有凹槽的可脱底塔盘，底部和四周抹油。

深底炒锅加油，中大火加热，放入卷心菜翻炒3~4分钟，直到菜炒软，边缘变焦黄关火，放一边。

料理台表面撒些面粉，将派皮擀成5毫米厚，放到塔盘里，底部四周一圈压好，有洞的地方补好。放冰箱冷藏半小时。

将两张油纸用手揉成团，再展开铺在派皮上，重叠放置保证整个派皮被盖住。上面放盲烤珠或者米粒，盲烤20分钟，然后将油纸和珠子去掉，将派皮再烤12~15分钟至呈浅金色，搁一边放凉。

将鸡蛋、牛奶、鲜奶油、莳萝和奇亚籽放一起搅拌均匀，加盐和胡椒粉调味。

将切片的土豆排列在派皮上，然后放上卷心菜，撒上鳟鱼片，小心地倒入蛋奶混合物，轻压里面的食材让液体流到表面。烤30~35分钟，直到色泽金黄，彻底熟透。

室温趁热吃，有小香草的话，就撒一些。可配蔬菜色拉吃。

烤鲷鱼排塞肉

STUFFED ROAST SNAPPER

这道菜你可以用一整条红鲷鱼来做，不过我觉得用两块大的鲷鱼鱼排会更容易。记得让卖鱼的帮你把鱼骨去掉。填充料很简单，但是味道很赞，因为培根的咸味和酸豆的味道会形成鲜明的对比。

橄榄油或者米糠油，煎炸用
2个大的红葱头，切末
2瓣大蒜，切末
250克培根，切丁
1½汤匙盐渍酸豆，冲洗干净
1小把莳萝，切碎，再额外加些装饰
海盐和现磨黑胡椒粉
2大条鲷鱼鱼排（每条约700克），去皮、去骨
2个柠檬，一切四

4～6人份

烤箱190℃预热，加开风扇挡；烤盘铺油纸。

炒锅加1勺油，中火加热，加红葱头翻炒2~3分钟，加蒜继续炒2分钟，放入培根再炒2分钟直到培根炒熟，搁一边放凉，然后倒入碗中，拌进酸豆、莳萝、盐和胡椒粉。

将一部分鱼排放到准备好的烤盘上，与烤盘接触的一面抹盐。用勺子将填充料舀到鱼排上，压一压，盖上另一块鱼排（朝上的一面抹盐），用绳子绑好。适当调味，将柠檬块放鱼边上，烤30~35分钟，直到鱼肉彻底烤熟。

烤好后立刻端上桌，旁边点缀一些莳萝。

TRATTORIA
ROBERTO
RISTORANTE
OSTARIA
GELATI ICE CREAM

VILLA SAN ... NNINO

VIGNOLA

CAMPIGLIO

13

...ATA TAVERNELLE

意大利的一个周末

ITALIAN

BOLOGNA

VENICE

CAPRI

Ravello

POSITANO

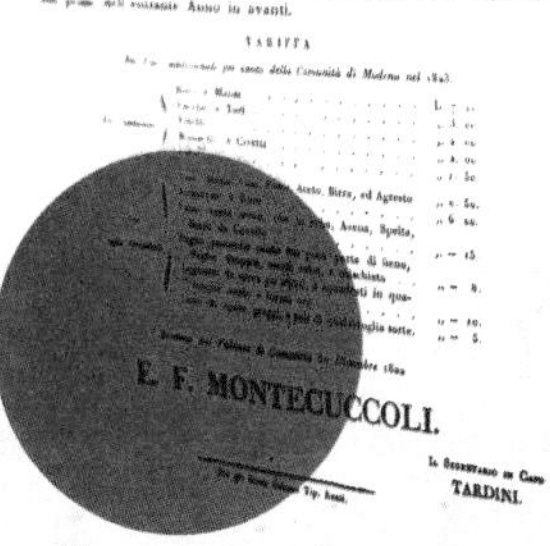

DEL GIGLIO

在我的印象中，意大利是这个星球上最神奇的地方。尽管从悉尼飞过去要超过24个小时，但每次来这里，我都会越来越爱这个地方。这里的人、风景、历史、中世纪小镇，还有语言，都让我着迷，尤其是食物，我一直在博客里提及。

在所有美食里，我最爱的是意大利美食。我喜欢探索他们所有地区的烹饪风格，因此，在我最近的一次度假中，我决定不去我通常去的锡耶纳和托斯卡纳，而是往北去威尼斯，然后去博洛尼亚。这一地区以帕马森奶酪、熏制肉类、猪肉菜肴，还有我尝过的最好吃的意大利香醋而闻名。

我从威尼斯出发。这是一个神奇的城市，我觉得每个人一生当中都应该至少来一次。第一次在机场坐水上出租车令我至今难忘。我得掐一下自己，告诉自己真的在这儿——在威尼斯了！看到一个漂浮在水上的城市实在是太神奇了。我父母家以前挂着一张威尼斯的画，我会盯着看上几个小时。而现在，我终于置身于此了！

七月来威尼斯通常意味着非常多（注意，是非常多）的游客，所以威尼斯到处都是人。但是看着身着水手条纹衫的男人在运河中划着冈朵拉，接送着不停用相机记录一切美景的游客，也是件有趣的事。我决定这趟旅程奢侈一把，定了这个童话般的城市里最美的酒店——著名的意大利格瑞提皇宫酒店（the Gritti Palace）。在它这里可以看到大运河最浪漫的风景，以及运河对面的安康圣母教堂。在酒店里享用一次烛光晚餐是接下来几年里最令我回味的记忆。

下一站，博洛尼亚，让人难以置信的美妙之城，但是去意大利的游客往往会忽略这里。一开始我也觉得有些乏味，但是夜幕降临后，这个大学城开始充满活力，我很喜欢。这里的消费不及威尼斯的一半，也没那么多游客，整个城市的氛围平静而轻松。

我决定给自己定一个美食之旅，去探寻这个番茄肉酱面发源地里最好吃的美食，不过后来我才意识到得早上6点就起床（还是在自己的假期里！）。一早有酒店的司机来接，我和其他17个人一起度过了很棒的一天。我们去参观了帕马森工厂、意大利熏火腿工厂，还有以摩德纳为基地的一个制造意大利香醋的家族企业。我很喜欢他们的员工，这里是我的行程中最精彩的部分，我甚至花了几百块买了瓶有一百年历史的意大利香醋，带回家用于一些特别的聚会餐。我了解到99%的意大利香醋，甚至我们在美食店花100多块钱买的，事实上都不是真正的意大利香醋，因为真正的意大利香醋一定要装在原装的摩德纳香醋瓶里，而且必须是百分百纯葡萄酿制，原料里没有其他成分。

这个旅行公司是夫妻档，男主人阿里桑得罗非常有激情，而且博学又机智。他做向导很专业，让我们一天过得既休闲又充实，大家还吃了一顿非常丰盛的午餐，有各种美食、美酒。相信我，如果你来这里，一定要定一趟美食之旅。

翻页继续

从博洛尼亚我一路向南去卡普里，还有阿马尔菲海岸（Amalfi Coast），听说这里很久了，但一直没来过。在经历了此生最快、最恐怖的火车之旅后（不是开玩笑，我觉得最快的时候有每小时400千米），置身于那不勒斯的疯狂与辉煌中，我很遗憾地发现只能停留几个小时（我会再带相机来的，虽然我已经拍了不少），之后我就直接乘渡轮去卡普里了。

天哪，有人是说到天堂了吗？卡普里太美了。我觉得我像是在詹姆斯·邦德的电影里，这个城市色彩缤纷，美不胜收。我坐缆车到翁贝托一世广场，这个小镇广场位于卡普里历史中心。在人们的交谈声与奇特又迷人的婚礼中（所有人都必须穿白色），我敬畏于它的美艳。我沿着狭窄蜿蜒、两边都是白色墙壁的街道，穿过那些把很多柠檬绑成捆挂在外面的小店，找到了我接下来两天要待的一家非常时髦的酒店——卡普里蒂贝宫酒店（Capri Tiberio Palace）。酒店很漂亮，我现在对手工绘制的图案瓷砖如此着迷就是从那里开始的，它房间的阳台都是用这样的瓷砖装饰的。再远一点，我发现了更安静、更美的安娜卡普里。它是这个岛上我最喜欢的地方，是摄影师的梦想之地，粉白墙壁前层层叠叠开满了粉色、紫色的花。

所有在这趟旅程中我去过的美妙地方里，最与众不同的是波西塔诺（Positano），一个位于那不勒斯南部海湾、风景如画的村庄。那里的房子看上去像是混乱地叠加在一起的，从山坡上一直延伸上去。我遇到一个加拿大女人，她说过去的12年里她每年都会来。我能理解为什么。当我坐在从卡普里到波西塔诺的渡轮上，到岸停船前我肯定拍了有1985张照片。这辈子没看到过这么美的风景。山坡被房子的各种明亮色彩填满，非常壮丽。

LA MELAGRANA
CERAMICHE S. RUBINO ANACAPRI
ML 46
SOC.
COOP.
A.R.L.

CartaSi
VISA
BALSAMIC
VINEGAR
TASTING
AGLIO CAT I
ITALIA
VENDITA A MAZZI
€1,90
KERSEN CEREZA
CILIEGINI
€4,80 Kg
€5,80
€2,40
DELLA VALLE DEL PANARO
F.lli lapietra
F.lli lapietra
F.lli lapietra

POSITANO

2SA 725

VEGGIES

素食

WET GARLIC
£2.00/BUNCH
SPRING ONIONS
£2.00/BUNCH
FROM OUR OWN MARKET GARDEN
ORGANIC
SOURCED LOCALLY
BRITAIN
EUROPE
daylesford
www.daylesfordorganic.com
Wye Valley
White
MINI CUCUMBER
£2.99/KG
ASPARAGUS
£4.99/BUNCH
WHITE PURPLE
ASPARAGUS
£5.99 £6.99

香脆乳酪花菜

SPICED CAULIFLOWER CHEESE WITH CRUNCHY TOPPING

这道菜很适合作为平时晚餐的蔬菜和硬皮面包、蔬菜色拉一起吃，最好再来杯浓烈的红酒。

1千克花菜，掰成小块
1茶勺孜然籽
1茶勺香菜籽
1汤匙黑芝麻
1汤匙白芝麻
2汤匙奇亚籽
海盐和现磨黑胡椒粉
2汤匙橄榄油
150克新鲜面包碎，混一些橄榄油
1把扁叶欧芹，切末
80克切达奶酪丝

奶酪酱
75克无盐黄油
60克面粉
850毫升牛奶
170克切达奶酪丝
海盐和现磨白胡椒粉

2人份主菜，或6人份配菜

烤箱180℃预热，加开风扇挡。

炖锅烧水，把花菜放进去大火煮到开，然后减至中火，煮5~6分钟，直到用刀可以轻易地戳到花菜里。将花菜捞出，沥干水分放凉。

将茴香籽、香菜籽放小炒锅里用中火炒1~2分钟，轻微炒熟。然后倒入研磨钵中，研磨成粉。接着倒进中等大小的烤盘中，加芝麻和一半的奇亚籽，以及盐和胡椒粉，再倒入橄榄油和花菜，搅拌混合均匀。

奶酪酱的做法：将黄油放进大的平底锅中大火加热，倒入面粉，用木勺搅拌成黏稠的糊状。减至中小火，缓缓加入牛奶，不断搅打，避免结块。拌入奶酪，直到融化、变光滑，适当调味，然后倒在烤盘里的花菜上。

把面包碎、欧芹末、剩下的奇亚籽和40克奶酪放在一个碗里混合，然后撒在花菜上，上面再撒些剩下的奶酪、盐和胡椒粉。烤20~25分钟，直到表面金黄，质地酥脆。趁热吃。

迷迭香烤小土豆

SMASHED POTATOES WITH ROSEMARY

这道菜很容易做，总是会让人狼吞虎咽。我建议做双份，不然很快就吃完了。它适合和第106页的羊肉一起吃，当然，和其他菜配也很合适。

1.5千克小土豆，去皮，大的横向切一半
半杯（125毫升）米糠油
4～5支迷迭香，摘下叶子
海盐和现磨黑胡椒粉

4人份配菜

烤箱190℃预热，加开风扇挡。

将土豆放进大的炖锅中，盐水煮到开。然后减至中火煮6~7分钟直到土豆开始煮软，但是中间还是硬的。

在煮土豆期间，在不粘烤盘上淋些油放烤箱里加热5~6分钟。

土豆沥干水分，小心放入烤盘中。撒上迷迭香烤20分钟。

取出烤盘，用勺背将土豆捣烂。撒上海盐，然后再放回烤箱烤25~30分钟，直到土豆烤成金黄色，非常酥脆。撒上胡椒粉，趁热吃。

NAKED
ROLLER

奶油焗土豆与块根芹

CELERIAC AND POTATO GRATIN

如果你想要找一个最暖心的菜来做，那就是它了。当然，这个对于你穿紧身牛仔裤没什么帮助，但是它实在是太好吃了。那些轻松随意的晚餐聚会上，我经常做，通常和烤羊肉配一起。我用蔬菜刨子把土豆和块跟芹擦成薄片。

600毫升鲜奶油
1尖茶勺英式芥末酱
1千克土豆，切薄片
550克块根芹，去皮，切薄片
3瓣大蒜，切薄片
60克黄油
海盐和现磨黑胡椒粉
5根小迷迭香
200克格鲁耶尔干酪，擦粗丝，再额外加一把撒表面用

6人份配菜

烤箱180℃预热，加开风扇挡。

将奶油和芥末酱放罐中搅打均匀。

在一个大烤盘上铺1/4的土豆薄片，稍微重叠一些。然后铺1/4的块根芹，放一些蒜及1/4的黄油，用盐和胡椒调味。再将1/4的奶油混合物倒进去，撒一些迷迭香叶子及1/4的奶酪丝。重复上述步骤直到材料用完。然后表面再撒一些格鲁耶尔奶酪丝和剩下的迷迭香叶子，烤45~50分钟，直到土豆和块根芹彻底烤熟，表面金黄。

No. 164

烤蔬菜配山羊凝乳和榛子

ROAST VEGETABLES WITH GOAT'S CURD AND HAZELNUTS

这是一道色彩缤纷、口感丰富的色拉，令人印象深刻。需要的话，可以用山羊奶酪代替山羊凝乳。

小的紫色甜菜根和金色甜菜根各一捆（一捆6根，茎修剪掉，留大约2厘米在根部）
橄榄油或者米糠油，烹饪用
海盐和现磨黑胡椒粉
1捆小胡萝卜，茎修剪掉，留大约2厘米在根部，擦洗干净，纵向对半切（小的留整支）
1汤匙干白葡萄酒
2枝百里香，摘叶子，另备若干整枝用于装饰
1杯（140克）榛子
200克四季豆，理好，纵向切成细长条
200克山羊凝乳，掰碎
1汤匙特级初榨橄榄油
1汤匙意大利香醋

4人份配菜

烤箱190℃预热，加开风扇挡。

把甜菜根外皮擦刮干净，冲洗后用厨房纸巾吸掉水分，放到大张的锡纸上，撒上橄榄油和一点盐，用锡纸把它整个包起来，放烤盘上烤45分钟直到烤软，用刀戳一下即知（烘烤时间和甜菜根的大小和新鲜程度有关，烤到25分钟后即可查看）。搁一边放凉。

在此期间，在烤盘上铺一张锡纸，放上胡萝卜，撒些油、白葡萄酒，再加黄油、百里香叶、盐和胡椒，然后表面再盖一张锡纸，将边缘处和烤盘捏紧密封。烤20~25分钟直到胡萝卜烤软，搁一边放凉。

用一只炖锅烧盐水，水开后放四季豆煮1~2分钟，这时四季豆咬起来还是硬的，沥干水分，放一边。

甜菜根去皮切半，和胡萝卜、四季豆、山羊凝乳一起放大盘里拌好，撒上榛子，上面装饰几枝百里香。

将油和醋搅拌后撒到色拉上，加盐和胡椒调味就可以端上桌了。

KATIE'S PARIS-STYLE MASH

凯蒂的巴黎式土豆泥

我的第一本书里收录了一个土豆泥的配方，但是这里的这个是我近期经常用的。你需要一个压薯机和一个圆筒筛来让土豆泥变得顺滑。当然细孔筛也一样有用。煮土豆的时候你得确定土豆中心都是煮软了的，不然就不是那么容易达到如奶油般顺滑、没有疙瘩的效果了。

1千克大土豆，选比较粉质的，留皮
1杯（250毫升）纯奶油
¼杯（60毫升）牛奶
200克无盐黄油，再留少许吃的时候用
海盐和现磨白胡椒粉

4～6人份配菜

把土豆放到炖锅中，加盐水煮开后，减至中火炖30~40分钟直到土豆煮软，刀可以很容易地戳到中心。

将土豆捞出，沥干水分，放2分钟后刨皮（可以用干净的茶巾或者橡皮手套保护手），然后放回擦干的锅里，小火干烤1~2分钟，不时搅一搅，去除多余水分。

将奶油和牛奶用一个小的平底锅小火加热，直到液体变热，但不要煮开。

用土豆捣碎器将土豆大致捣烂。压薯器调至最细挡，将土豆压成泥，用勺背将土豆泥压过圆筒筛网。然后将光滑、完全没有疙瘩的土豆泥放回锅中，小火加热，倒入之前煮好的牛奶混合物，用木勺轻轻搅打均匀。接着放入黄油，拌至黄油融化，这时土豆泥就差不多好了。

用盐和一大撮白胡椒粉调味，吃的时候可以再加一小块黄油。

No. 168

甜薯花菜咖喱

SWEET POTATO AND CAULIFLOWER CURRY

这是道很好吃的素菜，温暖窝心、滋味浓郁。在亚洲食品店可以找到马来西亚咖喱粉，它能让最后的味道变得与众不同。

1茶勺茴香籽
1茶勺香菜籽
1茶勺孜然籽
半茶勺姜黄粉
1茶勺马来西亚咖喱粉
海盐和现磨黑胡椒粉
2汤匙橄榄油或者米糠油
1个棕洋葱，切小粒
4瓣大蒜，切末
1个长条红辣椒，去籽切碎
2汤匙番茄泥
2听400克的番茄丁
2杯（500毫升）蔬菜浓汤
750克甜薯，去皮，切成2厘米的方块
半颗花菜，掰成小块
2听400克的褐扁豆（BROWN LENTILS）
1杯（150克）腰果，烘烤后切碎
蒸糙米饭、天然酸奶和香菜，配菜吃

6人份

将茴香籽、香菜籽、孜然籽放到不粘炒锅里中火翻炒1~2分钟炒香，然后倒入研磨钵中，加姜黄粉、咖喱粉、一大撮盐和胡椒一起用研杵研磨成粉。

厚底炒锅中火热油，加洋葱和一撮盐翻炒3~4分钟直到洋葱炒软。接着加蒜末炒3分钟，不断翻炒以免炒焦。将之前研磨好的粉和辣椒一起加进去炒2~3分钟，拌入番茄泥、番茄丁和蔬菜浓汤。然后加甜薯大火煮到开，减至小火炖25~30分钟，直到甜薯中心煮软。

然后加花菜，搅拌好后煮8分钟，然后加棕扁豆煮到扁豆足够烫。

适当调味后即可趁热吃，佐以腰果、蒸糙米饭、天然酸奶和香菜。

蘑菇、山羊奶酪和碧根果烩意大利米饭

MUSHROOM, GOAT'S CHEESE AND PECAN RISOTTO

我很喜欢做意大利烩饭，它特别适合作为晚餐聚会菜。你可以先将它们煮成半熟的，吃之前加几勺浓汤就可以很快完成了。

20克无盐黄油
400克瑞士褐菇，一切四
1把百里香
半杯（60克）碧根果，纵向切半
1.25升蔬菜浓汤
1汤匙橄榄油
1个棕洋葱，切丁
3瓣大蒜，切末
2杯（400克）艾保利奥米
1杯（250毫升）干白葡萄酒
120克软山羊奶酪
80克帕马森奶酪，擦细丝，额外再备若干吃的时候用（可选）
1个小柠檬的柠檬汁
60克芝麻菜，大致切碎
海盐和现磨黑胡椒粉
迷你香草（可选，装饰用）

6～8人份

炒锅中大火加热，将黄油融化，倒入蘑菇炒2分钟直到蘑菇颜色变深，加百里香翻炒1~2分钟关火。搁一边。

烤箱180℃预热，加开风扇挡；烤盘铺油纸。

将碧根果撒在烤盘上，烤6~7分钟直到碧根果开始轻微焦黄，取出放一边。

将蔬菜浓汤倒入锅中，中火加热至沸后，减至小火，盖上盖子保温待用。

在煮蔬菜浓汤时，用一只厚底炒锅或者铸铁炖锅中火热油，加洋葱翻炒4~5分钟直到洋葱炒软。加蒜末后再翻炒3~4分钟直到蒜变成浅金黄色。

把米倒入锅中，翻炒1~2分钟，不断搅拌，直到米粒稍稍烤熟。加白葡萄酒以避免锅底结块，接着煮1分钟。减至中小火，加蔬菜浓汤，一次1木勺，每次加完搅拌一下，直到汤被米粒完全吸收后再加下一勺，重复操作至所有浓汤加完，而这时米粒吃起来还是硬的（这个过程大概需要20分钟）。不断搅拌，保证米粒不要干掉（可以加水，如果汤用完的话）。

放入蘑菇、碧根果、山羊奶酪、帕马森奶酪、柠檬汁和芝麻菜，搅拌混合。用盐和胡椒粉调味。如果有帕马森奶酪和迷你香草的话，吃的时候可以再加些。

三色豆土豆派 THREE-BEAN POTATO PIE

如果你没有铸铁炖锅，派馅可以用大的平底锅来做，然后再倒入容量为2.5升的烤盘里，倒之前给烤盘稍微抹些油。

1汤匙橄榄油
1个棕洋葱，切丁
3瓣大蒜，切末
1根胡萝卜，切丁
2根西芹，切丁
1根大葱，留葱白，理好洗干净后切细丝
1个长条红辣椒，去籽切丁
1茶勺烟熏辣椒粉
1茶勺番茄泥
¼杯（60毫升）红酒
1杯（250毫升）蔬菜浓汤
1把罗勒和1把牛至，扯下叶子
海盐和现磨黑胡椒粉
750克甜薯，去皮切成3厘米见方的方块
550克较面的土豆，切成3厘米见方的方块
30克无盐黄油
¼杯（60毫升）鲜奶油
1听400克的赤豆，洗净、沥干水分
1听400克的花芸豆，洗净、沥干水分
1听400克的腰豆，洗净、沥干水分
200克小菠菜叶
1杯（80克）帕马森奶酪，擦细丝，再加若干装盘用
烤过的南瓜子，装盘用

6人份

铸铁炖锅加油，中火加热，加洋葱、蒜末翻炒4~5分钟直到洋葱炒软。放入胡萝卜丁、西芹粒、葱丝和辣椒丁翻炒4~5分钟直到蔬菜炒软。拌入烟熏辣椒粉和番茄泥，再加红酒、高汤和香草，用盐和胡椒调味，中小火煮15~20分钟直到酱料开始收缩变黏稠。

烤箱180℃预热，加开风扇挡。

在煮酱料时，将土豆块和甜薯块放到另一炖锅中用盐水煮到开。之后减至中火煮12~15分钟直到刀可以很轻松地插到中间。将土豆块和甜薯块捞出，沥干水分，倒回锅中捣成泥。加黄油、奶油搅拌均匀，用盐和胡椒调味，盖好放一边。

将所有豆子和小菠菜叶一起放入第一个炖锅中，拌均匀，煮2分钟直到菠菜煮熟、豆子烧热，不时搅拌，加盐和胡椒调味。接着将土豆、红薯泥用木勺舀到表面上，用叉子戳松。撒上帕马森奶酪丝，转至烤箱烤20~25分钟直到表面烤成金黄色。

最后可以在表面撒上烤过的南瓜子，再撒些帕马森奶酪丝。趁热吃。

香辣烤茄子

BABY EGGPLANT WITH HARISSA AND GARLIC

超级简单，超级快速，超级好吃！简单滋味也能成为绝赞的配菜（特别适合配羊肉），作为晚餐聚会的小吃也不错。

1½茶勺北非辣椒酱
2汤匙橄榄油
2瓣大蒜，切末
500克小茄子，切成厚圆片
海盐
1小把薄荷叶，切碎
现磨黑胡椒粉

4人份配菜

烤箱180℃预热，加开风扇挡；烤盘铺油纸。

将辣椒酱、橄榄油和蒜放在浅盘中拌好。放入茄子，裹上佐料，然后放到烤盘上。

加盐调味，烤20~25分钟直到茄子烤软。撒上薄荷叶、黑胡椒粉就可以端上桌了。

蘑菇、洋葱夹墨西哥玉米饼

MUSHROOM AND CARAMELISED ONION QUESADILLAS

墨西哥玉米饼特别适合聚餐。我常常做很多馅料，让客人们在锅里热玉米饼之后自己夹馅。

2汤匙橄榄油
2根洋葱，切丝
3茶勺红糖
⅓杯（80毫升）意大利香醋
20克无盐黄油
3瓣大蒜，切末
4个大褐菇或者其他大只的平菇，切薄片
3枝百里香，摘下叶子
8块墨西哥玉米饼，或者全麦卷饼
200克切达奶酪，擦细丝
1把小芝麻菜，大致切碎
酸奶油和柠檬块，配菜用

4人份

厚底平底炒锅加1勺橄榄油小火加热。放入洋葱翻炒10~12分钟直到洋葱炒软。加糖和醋继续翻炒7分钟直到洋葱焦化，汤汁收缩，倒入碗中，把锅擦干净。

将黄油和剩下的橄榄油倒入锅中，中火加热。把蒜末、蘑菇和百里香倒进去翻炒3~4分钟直到蘑菇炒软，关火，放一边。

碳烤锅或者不粘煎锅中火加热，将墨西哥玉米饼单面烤1分钟，然后放入盘中，一次烤一个。

取一半玉米饼放到一个干净的平面上，烤过的一面朝上。将焦糖洋葱、蘑菇、奶酪丝和芝麻菜均匀地分摊到每张玉米饼上，然后盖上剩下的玉米饼，烤过的一面朝下。

不粘煎锅中大火加热，将做好的玉米饼放入煎1~2分钟，然后小心地用铲子翻过来再煎1分钟，两面煎好后放入盘中，烤后面的饼时注意将烤好的保温。

把做好的玉米饼一切为四，配酸奶油和柠檬块吃。

INSPIRED BY A MEAL ENJOYED IN NEW YORK

BELINDA
ANGELA
KATISCHE
LOUISE
ANGE
PHILLIPA

在撰写我的博客whatkatieate.com的过程中，最美好的事就是一直会遇到很多出色的人。我总是饶有兴趣地去看看是什么样的人会关注我的博客。说实话，我在这里遇到的每个人都很优秀。2012年的11月，我为《美味》（*delicious.*）杂志拍摄了和我一群博客读者共进午餐的事。这是我最喜欢的拍摄项目之一。当我决定为这本书拍摄一系列类似的照片时，我开始召集一些愿意参与的读者。结果回复的人数让我吓了一跳，照这情形，我得办一个40多个女人参与的派对了！但现实一点，我得把人数限制在9个，一个比较舒服、好操办的数目。

女生们的周末午餐会

Girls for lunch

那天过得很精彩。我和我的助理卢和玛德琳到达工作室后，看到了9个美丽、友善、冷静而又能热情交谈的姑娘。她们实在太棒了，而且我惊喜地发现她们相处得很融洽。我觉得那天有很多友谊会就此持续下去。能再此看到凯妮斯真是好感动。上次看到她是在我圣诞节演讲的时候，她特地从珀斯飞过来。我希望能很快再次见到这里的这些女人们。但下一次，我要把这些疯狂的烹饪、拍盘、拍摄放到一边去。我们要好好地去酒吧喝一杯。

再次感谢昂热、安吉拉、比琳达、达拉、杰斯、凯妮斯、路易斯、佩塔（以及她先生，真是超级棒的洗碗人啊，当然还有那天所有帮忙的人），还有菲力帕。

CAYOL FRERES

菜单

布格麦碎拌香草、番茄干色拉 *page* 49

石榴鸡肉 *page* 97

印度香辣羊排 *page* 106

树莓石榴马提尼 *page* 246

咸奶油樱桃巧克力布朗尼蛋糕 *page* 283

Journal
ABONNEMENTS
WOOD ENGRAVINGS
PIZZA,
PASTA AND
BREAD
披萨、
意大利面
和面包

POLLERIA
RISTORANTE CINESE
PERLA D'ORIENTE

IN
ALLESTIMETO
11 10 2015
720
Tortelloni
di Ricotta

番茄、西葫芦花与意大利蒜味腊肠披萨

TOMATO, ZUCCHINI FLOWER AND SALAMI PIZZAS

这是一个好看的夏日风情披萨，带一点清新的风味。你可以提前准备披萨面团，用保鲜膜包起来可以冷藏保存2天，放冰冻可以保存1个月。

8片菠萝夫洛干酪
20片意大利蒜味腊肠薄片
10个带花小西葫芦（小胡瓜），西葫芦切薄片，花纵向切半，去掉花的雄蕊
1篮熟透的小番茄（250克）
牛至，及现磨黑胡椒粉、橄榄油

披萨面团

2½杯（400克）高筋面粉
细盐
¾茶勺干酵母
1½汤匙特级初榨橄榄油

披萨酱

橄榄油，烹饪用
1个小的棕洋葱，切小粒
3瓣大蒜，切末
1听400克的番茄丁
1杯（260克）意大利番茄酱（TOMATO PASSATA）
1撮碎辣椒片
10片大的罗勒叶，撕碎
海盐和现磨黑胡椒粉

可做2个直径32厘米的披萨（4人份）

披萨面团的做法：将面粉筛入一个大碗中，中间挖个坑，加1撮盐，还有干酵母、油和200毫升的温开水。用叉子搅拌，慢慢从边缘混入面粉。手洗干净，揉成面团，然后放到撒了面粉的平面上。把面团揉5分钟，尽可能延展开了揉。（或者你可以用手提的带搅面钩的搅拌器来揉，中速混合所有原材料后，低速揉5分钟。）

将揉好的面团放入碗中，盖上湿毛巾，放在温暖的地方发酵1小时，直到面团长到两倍大。

在发面团时做披萨酱。平底锅小火加热1勺油，将洋葱和蒜末翻炒3~4分钟直到洋葱炒软。加入番茄、意大利番茄酱、辣椒碎、汤和罗勒，中小火炖15~18分钟，中间不时搅拌，直到酱汁黏稠，少掉1/3。加盐和胡椒调味。做好放一边。

烤箱240℃预热，加开风扇挡。

将面团拿到撒了面粉的平台上，切成两半，分别放到事先抹好油的32厘米直径披萨盘上。用手把面团摊成烤盘大小的面饼，然后将披萨酱均匀地铺到两块面饼上，上面撒奶酪、腊肠、西葫芦片、西葫芦花和番茄。

烤12~15分钟直到面皮边缘金黄。吃的时候再撒些牛至、胡椒粉，淋些橄榄油。

凯蒂的夏威夷披萨

KATIE'S HAWAIIAN PIZZAS

我喜欢披萨，我可以每天都吃，尤其是薄底的脆皮披萨。但是不得不承认（以白纸黑字的方式，希望数百万的人可以读到）我最喜欢的披萨是火腿菠萝口味的！和朋友们聚餐的时候，我被他们无情地嘲笑过。所以，这里我为所有火腿菠萝披萨爱好者们站出来表个态，我发明了这一经典口味披萨的“特别美食家”版，我们可以引以为豪了。

1份披萨面团（见第193页）
250克马苏里拉水牛奶酪，切片
8薄片意大利熏火腿
橄榄油
现磨黑胡椒粉

烧烤酱
2汤匙橄榄油
1个小的红洋葱，切丁
4瓣大蒜，切末
3茶勺烟熏辣椒粉
1汤匙黄糖
1汤匙李派林喼汁
2杯（500毫升）意大利番茄酱（TOMATO PASSATA）

菠萝萨尔萨酱
1个红洋葱，切丁
3瓣大蒜，切末
1个长条绿辣椒，去籽切丁
300克听装菠萝片，沥干水分，切碎
250克番茄，切丁
1个青柠的皮丝
半杯（70克）无盐花生，切碎
1小把香菜和1小把薄荷，切碎
海盐和现磨黑胡椒粉

可做2个32厘米直径的披萨（4人份）

烧烤酱的做法：用一个大的平底炒锅中火热油，加洋葱和蒜末翻炒2~3分钟直到洋葱炒软。拌进烟熏辣椒粉和糖，翻炒1分钟，再接着加李派林喼汁和番茄酱炒10~12分钟，直到酱汁少掉1/3左右，关火放一边。

菠萝萨尔萨酱的做法：将所有材料放到一个碗里，然后倒在一个筛子上，让液体滤出。

烤箱240℃预热，加开风扇挡。

将面团拿到撒了面粉的平台上，切成两半，分别放到事先抹好油的32厘米直径的披萨盘上。用手把面团摊成烤盘大小的面饼，然后将烧烤酱均匀地铺到面团上。每个面底舀1/3勺的菠萝萨尔萨酱，然后撒上马苏里拉奶酪、火腿片，淋上橄榄油。

烤12~15分钟直到边缘金黄。吃的时候撒上现磨的黑胡椒粉以及剩下的菠萝萨尔萨酱，如果你觉得需要的话。

蘑菇蔬菜披萨

GREEN PIZZAS WITH MUSHROOMS

这是我的健康菜谱之一，蔬菜酱里有很多甘蓝与核桃。如果你喜欢乡村奶酪，也可以用其代替山羊奶酪。酱料会多出来一些，第二天可以用在现煮的意大利面上。如果找不到小甘蓝，也可以用普通甘蓝叶，去掉中间的茎即可。

1个披萨面团（见第193页）
50克香菇，切片
50克瑞士褐菇，切片
150克软山羊奶酪，切圆片
海盐和现磨黑胡椒粉
2汤匙特级初榨橄榄油
烤过的杏仁碎及小甘蓝叶，配菜用

蔬菜酱
50克芝麻菜
50克小甘蓝叶
70克花菜，掰小块
3瓣大蒜
70克杏仁
1把罗勒
50克帕马森奶酪，擦丝
半杯（125毫升）淡味橄榄油
1汤匙柠檬汁
海盐和现磨黑胡椒粉

可做32厘米直径的披萨2个（4人份）

蔬菜酱的做法：将所有材料放入食品料理机中搅打，混合。

烤箱240℃预热，加开风扇挡。

将面团拿到撒了面粉的平台上，切成两半，分别放到事先抹好油的32厘米直径的披萨盘上。用手把面团摊成烤盘大小的面饼。

每块披萨面底用1/3的酱涂抹均匀（剩下的酱可以用密封罐装好，放冰箱可以保存1天）。接着将蘑菇和山羊奶酪分放在涂好酱的面底上，加盐和胡椒调味，再淋些橄榄油。

烤12~15分钟直到边缘金黄。吃的时候表面再撒些甘蓝叶和烤过的杏仁碎。

No. 198

培根酸豆薄荷意大利面

SPAGHETTI WITH BACON, CAPERS AND MINT

这道做法简单、滋味丰富的意大利面的灵感来自于我在意大利的旅行。它用到的材料很少，但是作为平时的晚餐一点也不逊色，或者作为聚会流水席上的主食也不错。

1汤匙橄榄油，再额外加少许最后撒
1个棕洋葱，切丁
200克培根，切丁
2瓣大蒜，切末
500克小番茄，对半切，挤出籽和汁
海盐
⅓杯（65克）盐渍酸豆，冲洗干净
6枝薄荷，摘下叶子撕碎
400克意大利细面
帕马森奶酪，擦细丝，装盘用

4人份

大的不粘炒锅中火热油，将洋葱翻炒3~4分钟直到洋葱炒软。加入培根翻炒4~5分钟直到培根炒熟，接着加蒜再炒半分钟。

放入挤过汁的番茄，撒点盐，减至中小火煮5~6分钟。然后加入酸豆和薄荷，搅拌均匀，再煮1~2分钟。

在此期间，根据意大利面包装上的说明把面煮好，沥干水分，放入炒锅中。面汤水保留。将面和其他材料混合拌好，加一点面汤稍微湿润一下。吃的时候撒一些帕马森奶酪。

Red
Peppers
3 FOR £1

杏仁薄荷青酱意大利面

SPAGHETTI WITH ALMOND, MINT AND BASIL PESTO

这里的青酱比传统的要甜一些，因为加了薄荷。
用不完的青酱可以放冰箱保存2天。

杏仁薄荷青酱

1大把罗勒，摘下叶子
1把薄荷，摘下叶子
2瓣大蒜，去皮
1杯（250毫升）特级初榨橄榄油
70克去皮白杏仁
100克帕马森奶酪，擦细丝，再额外加少许装盘用

400克意大利细面
橄榄油

4人份

将罗勒和大部分薄荷放入食品料理机中（留一些薄荷做装饰）。加入蒜、橄榄油、帕马森奶酪和1汤匙水，搅打成黏稠、顺滑的青酱。

根据意大利面包装上的说明将面煮好，沥干水分，放到大碗里。保留煮面的水。

将青酱和面拌匀，加几勺面汤。最后再撒些帕马森奶酪、一些橄榄油，装饰些薄荷叶。趁热吃。

辣味蟹肉柠檬意大利面

CRAB, LEMON AND CHILLI SPAGHETTI

蟹肉我直接买了140克一包的。你也可以买一整只螃蟹自己拆肉，不过这其实更贵（也更麻烦！）。这道意面味道清爽，适合作为夏日的周末午餐。可以配上硬壳面包和冰镇白葡萄酒。

⅔杯（160毫升）橄榄油
2杯（140克）新鲜面包碎
1个柠檬的皮丝和柠檬汁
海盐和现磨黑胡椒粉
1把扁叶西芹，切碎
400克意大利细面
1个洋葱，切末
3瓣大蒜，切末
1个长条红辣椒，去籽切碎
420克远洋梭子蟹蟹肉，煮好撕成碎粒
柠檬块，装盘用

4人份

用一只大的平底炒锅，加1/4杯（60毫升）油中火加热。加入面包碎、柠檬皮丝、盐和胡椒，翻炒6~8分钟直到面包炒成金黄色，倒入碗中放凉，拌入西芹，搁一边。

根据意大利面包装上的说明将面煮好，沥干水分，保留煮面的水。

在煮面期间，将炒锅擦干净，加1汤匙油中火加热。将洋葱和蒜炒4~5分钟直到洋葱炒软。加入辣椒炒1分钟，然后加入蟹肉翻炒1分钟，将肉炒热。

加入柠檬汁和剩下的油继续翻炒，小火煮2分钟直到所有味道混合好。

将煮好的面倒入锅中，同时加几勺煮面的水湿润一下。搅拌均匀后，加一半的面包碎与西芹混合。

将面倒入盘中，撒上剩余的面包碎与西芹，旁边放上柠檬块，趁热吃。

茄子马苏里拉千层面

EGGPLANT AND MOZZARELLA LASAGNE

这是道非常棒的素食主菜。腌茄子、烤茄子需要1.5小时，需要的话这个可以提前一天做。烤盘我这里用的是32厘米×20厘米×6厘米的。

2根茄子，纵向切成5毫米厚的薄片
细盐
1½汤匙橄榄油
1个棕洋葱，大致切碎
4瓣大蒜，切末
1个长条红辣椒，去籽切碎
2听400克的番茄丁
1汤匙番茄泥
1杯（250毫升）优质红葡萄酒
1汤匙意大利香醋
1汤匙盐渍酸豆，冲洗干净
1把牛至，摘下叶子撕碎
白砂糖少许
现磨黑胡椒粉
橄榄油喷雾
40克新鲜白面包或者酸酵种面包
150克帕马森奶酪，擦细丝
2个西葫芦（小胡瓜），擦丝
2汤匙淡味酸奶油
250克马苏里拉水牛奶酪，切薄片
100克新鲜千层面面皮，切小块

6人份

将茄子片放到大的滤碗中，撒2汤匙的盐拌一下，放置1小时。

在腌茄子期间，厚底炒锅加1勺油中火加热，加洋葱翻炒3~4分钟直到洋葱炒软。加蒜再炒3分钟，不时搅拌，以免蒜炒焦。加入辣椒炒2分钟，接着加听装番茄丁、番茄泥、红酒、意大利香醋、酸豆、大部分牛至（留一大把拌面包屑），还有糖、胡椒调味。搅拌均匀后小火炖45分钟。

将茄子用凉水彻底冲洗干净，然后放在纸巾上，再用一些纸巾拍一拍，吸掉水分。单面喷上橄榄油，然后放到烧烤架上，喷了油的一面朝上，炙烤3~4分钟，然后取出翻个面，表面喷上橄榄油，烤至颜色金黄。放纸巾上吸掉一些油。

烤箱180℃预热，加开风扇挡。

将面包放入食品料理机中打成面包碎，加牛至一起搅打，接着加入50克帕马森奶酪，搅打均匀后放一边备用。

将擦成条的西葫芦挤掉水分，用纸巾拍干。将剩余的油倒入炒锅，中火加热，放入西葫芦炒3分钟，然后减至小火，加入酸奶油翻炒1~2分钟。

用一个大的方形烤盘，舀一半番茄酱铺底，然后铺上一层茄子薄片，可稍微重叠放置。接着铺上马苏里奶酪片以及剩下的一半帕马森奶酪，最后铺上一层千层面。

再重复放上一层番茄酱、一层茄子、一层奶酪和千层面，最后上面铺上西葫芦的混合物和剩下的茄子，以及加了香草的面包屑。

烤35~40分钟直到面皮金黄，开始冒泡。切成小块就可以吃了。

核桃面包

WALNUT BREAD

这个面包做起来很快，富含坚果，质地丰富，也很好吃。我喜欢用它来配胡萝卜姜汤（见第70页）。

2汤匙黄糖
1袋7克的速溶干酵母
3汤匙橄榄油
2杯（300克）面粉，过筛
1杯（150克）荞麦粉，过筛
2汤匙小麦胚芽
1¾杯（175克）核桃，烤熟切碎
1½汤匙奇亚籽
海盐和现磨黑胡椒粉
20克无盐黄油，融化成液体

可做2小条

将黄糖、酵母和1/2杯（125毫升）温水放入一个大碗中混合。盖好后放置10~12分钟直到起泡。拌进橄榄油和2/3杯（160毫升）温水，然后放入面粉、小麦胚芽、核桃、1汤匙奇亚籽和1茶勺盐。搅拌混合好后，用手揉成面团。

将面团拿到撒了面粉的平台上，揉5分钟直到面团光滑。放到干净的碗中，盖上保险膜，拿到温暖的地方放置2小时，直到面团发到双倍大。

烤箱200℃预热，加开风扇挡。准备一个大的烤盘，撒上面粉。

将面团拿到撒了面粉的干净台子上，再揉几下将空气排出。分成两半，揉成长条，放到之前准备的烤盘上。面团表面切3道1厘米深的斜口子。表面涂上融化的黄油，撒上剩下的奇亚籽。

烤20~25分钟直到色泽金黄，底部敲上去听着是空的。

SEEDED BAGELS WITH SMOKED SALMON

烟熏三文鱼贝果

我一直觉得贝果会挺难做，但真做起来却是出人意料的容易。这道小食特别适合鸡尾酒派对，或者深夜喝了酒后作宵夜也不错。任何你喜欢吃的都可以用来夹馅，比如熏肉、腌菜和蛋黄酱，或者烤牛肉、西洋菜加芥末酱也都会很好吃。

1汤匙橄榄油或者米糠油
1个棕洋葱，切小粒
2瓣大蒜，切末
1汤匙奇亚籽
1汤匙白芝麻
1汤匙黑芝麻
60克松子
1包7克的速溶干酵母
1汤匙白砂糖
450克高筋面粉（至少含13%谷蛋白）
1茶勺细盐

4汤匙清淡型龙舌兰糖浆
250克淡味奶油奶酪
2汤匙鲜奶油
1汤匙柠檬汁
1小把莳萝，剪断
400克烟熏三文鱼片
海盐和现磨黑胡椒粉
柠檬块，装盘用

可做16个

平底炒锅中火热油，加洋葱炒3分钟至洋葱炒软。再加蒜翻炒3分钟直到洋葱炒至透明关火，搁一边凉10分钟。

将所有的芝麻、奇亚籽和松子混合放到一个碗里。

把酵母、汤和100毫升温水放碗里混合，盖好放置10分钟直到起泡。加入面粉、盐、炒过的洋葱和蒜、一半芝麻混合物和200毫升温水。用手揉成团后放到撒好面粉的台子上。

面团揉10分钟，尽可能延展开，最后揉成球，放到涂了橄榄油的大碗里，盖上湿毛巾。搁在温暖的地方1小时，直到面团发至双倍大。

烤箱170℃预热，加开风扇挡。准备两个烤盘，铺好油纸。

准备一口炖锅，倒入一半的水烧开。拌入龙舌兰糖浆。

用拳头将面团砸一砸，搁到撒了面粉的台子上，分成均等的16份，揉成团（每个面团差不多1个小的鸡蛋那么大），稍微压压扁，然后用一个2厘米直径的饼干模将中心挖掉，在抹了面粉的食指上转一下，稍微拉伸大点。

将贝果放开水里煮1分钟，一次4个。然后用漏勺翻过来再煮1分钟，舀出放纸巾上沥干水分。

将煮过的贝果放在之前准备好的烤盘上，均匀地撒上芝麻混合物，烤30分钟直到色泽金黄油亮。

在烤贝果时，将奶油奶酪、鲜奶油、柠檬汁和莳萝一起放碗里搅打，然后放冰箱冷藏20分钟。

将贝果从水平方向切成两半，抹上奶油酱，铺上三文鱼，适当调味，最后盖上盖子。装盘的时候放上柠檬块。

焦糖洋葱、茴香和番茄佛卡夏

CARAMELISED ONION, FENNEL AND TOMATO FOCACCIA

这个面包味道真的很丰富。煮之前多放些海盐可以让味道释放得更充分。吃的时候一定要配上好的特级初榨橄榄油来蘸。

1包7克的速溶干酵母
2撮白砂糖
⅓杯（80毫升）橄榄油，再额外留少许用于刷表面
450克高筋面粉
细盐
4个红洋葱，切细丝
1½汤匙黄糖
4汤匙意大利香醋
2茶勺茴香籽
1篮250克的小番茄，切半
海盐

8人份

将酵母、糖、2汤匙橄榄油和320毫升温水放碗里混合，搁在温暖的地方5分钟左右直到冒泡。

将面粉及1茶勺盐筛到搅拌盆中，中间挖一个坑，将酵母混合液体倒进去搅拌成面团。

将面团拿到撒了面粉的台子上揉10分钟，直到面团光洁有弹性，再放到抹了油的大碗里，盖上湿毛巾，搁到温暖的地方放置1小时，直到面团发到2倍大。

在发面期间，炒锅倒入剩下的油中小火加热。加洋葱翻炒12~15分钟直到洋葱炒软，加黄糖和醋继续翻炒7~10分钟直到洋葱焦糖化、醋被完全吸收。关火放一边。

用拳头将面团压一压，放到撒了面粉的台子上揉1~2分钟。将面团拉伸至长方形。把炒好的洋葱均匀地撒在上面，接着撒上茴香籽，留一些烤的时候再撒。小心地将面饼来回折上几次再拉伸开，直到洋葱和面团完全融合在一起（面团会比较黏，所以应确保你的台面上撒足够多的面粉）。

烤箱200℃预热，加开风扇挡。烤盘抹上橄榄油。

将面饼放入烤盘，盖上湿毛巾，放在温暖通风的地方20分钟，直到面饼发到2倍大。

用你的手指在面饼上戳出一个个小坑，然后小心地将切成一半的番茄按到坑上。刷上橄榄油，撒上剩下的茴香籽，用海盐适当调味。

烤20~25分钟直到面皮金黄，彻底烤透。趁热吃。

PARTY FOOD AND DRINKS

派对食物和酒水

香辣杏仁

SPICED ALMONDS

我那来自巴罗莎山谷的朋友麦克・沃斯达特，
他的奶牛农庄里用来招待客人的早餐特别棒，还配了好喝的红酒和这些超好吃的香辣果仁。我住那里的时候吃了好多，
所以这本书里我觉得一定要把它的做法收录进来。

300克杏仁
¼杯（60毫升）橄榄油
1汤匙海盐
2汤匙切碎的泰国柠檬叶
1½汤匙干的蒜粒
3茶勺干辣椒碎
1½茶勺甜辣椒粉（PAPRIKA）
1茶勺辣椒粉

1～2人份

烤箱220℃预热，加开风扇挡。

将杏仁放到烤盘上，撒上橄榄油和盐，铺开在烤盘上烤10分钟。
不时地搅动直到有些杏仁爆开。

将烤盘从烤箱中取出，趁热撒上泰国柠檬叶碎和所有的辣椒粉。
混合拌匀后，放烤盘上冷却。

可以用密封罐装起来保存1周左右。

EDAMAME BEANS WITH MIRIN, SALT AND CHILLI

味淋辣味毛豆

这个做起来很快，但是味道超棒，你很快就会吃上瘾，特别适合鸡尾酒会或者作为餐前小吃。

450克冻日本毛豆
1汤匙芝麻油
1汤匙味淋
1汤匙米酒醋
2茶勺干辣椒碎，再额外留少许装盘用
海盐

4～8人份

将日本毛豆放到耐热碗中，盖上保鲜膜，微波炉高火转4分钟。

与此同时，将芝麻油、味淋和米酒醋混合在一个碗里。

将拌好的调味料撒到毛豆上，加辣椒碎和2茶勺盐调味，拌均匀。

用大盘装盘，旁边再加点盐和辣椒碎用来蘸。

芥末面包棍配三文鱼蘸酱

WASABI STRAWS WITH SALMON DIPPING SAUCE

这些面包棍有那么点强劲的味道，和奶香顺滑的蘸酱形成对比，特别适合作为聚会食物。面包的长度可以随你自己的喜好调整。

1⅔杯（250克）面粉
1茶勺速溶干酵母
2茶勺黑芝麻，再额外留些烤的时候用
3茶勺芥末酱
海盐和现磨黑胡椒粉

三文鱼蘸酱
1杯（240克）淡味酸奶油
1汤匙日本酱油或者普通酱油
半个柠檬的汁
250克烟熏三文鱼
海盐和现磨黑胡椒粉

可做40根

将面粉、酵母、芝麻、芥末和半茶勺盐放入容器中，加2/3杯（160毫升）温水，用装揉面钩的手提搅拌器低速搅拌5分钟直到面团光洁。

将面团拿到撒了面粉的台子上揉几分钟，揉成团后放到抹了橄榄油的大碗里，盖上湿毛巾，在温暖的地方放置1小时，直到面团发至双倍大。

烤箱170℃预热，加开风扇挡；准备3个烤盘，铺好油纸。

每次取核桃大小的一团面，在干净的台子上揉成20厘米长的长条，放到烤盘上，刷一点水，撒上芝麻。烤15~20分钟，直到颜色金黄、质地松脆。

在烤面包期间做蘸酱。将酱的所有材料放入食品料理机中搅打，直到三文鱼完全打碎，酱料顺滑。适当调味放一边。

装盘的时候，将面包棍叠堆在盘子里，旁边放上三文鱼蘸酱。

凯蒂的肉酱配大黄酱和糖渍梨

KATIE'S PÂTÉ WITH RHUBARB PASTE AND GLAZED PEARS

我是个超级肉酱迷。这个配方可能需要你从市场里提前定鸭肝。另外，我用的是阿蒙提拉多或者奥罗露索雪利酒，但如果你手上找到的是其他雪利酒也没有关系。

150克黄油
3个黄皮葱头，切丁
4瓣大蒜，切末
250克培根，切丁
¼杯（60毫升）半甜雪利酒
250克鸡肝，处理干净
250克鸭肝，处理干净
2～3枝百里香，摘下叶子
300毫升鲜奶油
海盐和现磨白胡椒粉
酸酵种面包，切薄片烘烤，装盘用

大黄酱

¾捆大黄，理好切成1.5厘米长的小段（处理好的大黄需要240克）
2汤匙白砂糖
半杯（125毫升）血橙汁或普通橙汁
2茶勺金万利酒（香橙力娇酒）
3张白明胶片

糖渍梨

4个梨，去皮去核，切成8瓣
4个八角
5颗豆蔻，用刀背压碎
2汤匙红糖

10～12人份

炒锅中火加热，化一半的黄油。将葱头和大蒜翻炒3~4分钟直到炒软。加入培根继续翻炒6~8分钟直到培根炒熟。加1汤勺雪利酒，用木勺搅拌，如有结底的部分就刮一下，然后倒入搅拌器中。

继续用刚才的炒锅把剩下的黄油中火融化，放入鸡肝、鸭肝、百里香炒3~4分钟直到肝脏外面炒熟、中心还有点粉。加入奶油和剩下的雪利酒翻炒，然后倒入搅拌器中。将所有的材料搅打均匀，加盐和胡椒调味，冷却15分钟，然后装进干净的瓶中。

大黄酱的做法：将大黄、糖、橙汁、金万利酒和100毫升水倒入平底锅中煮开。然后中小火炖8~10分钟，直到大黄煮烂，汤汁黏稠，然后用细眼滤网过筛，装入碗中，搁一边放凉。

将明胶片放入碗中，倒入凉水，搁置5分钟。然后取出，挤掉多余水分，放入小的平底锅中，加2汤匙滤出的大黄酱汁，中火加热搅拌，直到明胶化开，然后倒入装大黄酱汁的碗中混合。用勺子均匀地舀到装肉酱的瓶里，密封，放冰箱隔夜。

糖渍梨的做法：将所有材料和3杯水（750毫升）放到平底锅中大火煮开。然后减至小火煮5~10分钟，直到梨煮软，可以用刀戳动（具体时间和梨的成熟程度有关）。用漏勺将梨舀出，放入碗中。锅里的汁水继续中大火煮25~30分钟直到煮成糖浆，将梨放回来，再煮3~4分钟，轻轻地搅动，让梨粘上糖浆，搁一边放凉。

肉酱和糖渍梨一起装盘，配酸酵种面包吃。

PRAWN CROSTINI WITH TOMATO AND CHAMPAGNE SAUCE

虾肉烤面包配番茄香槟酱

如果要奢侈一点，这个开胃菜里就用龙虾尾部的肉，不用明虾。荷兰酱一定要用你能找到的最好的，因为不同品牌的荷兰酱差别会很大。我这里用的是Simon Johnson牌的。

烤过的法棍面包片和现成的荷兰酱
600克煮好的明虾，去壳、去虾线
莳萝和现磨黑胡椒粉，装饰用

番茄香槟酱
3个熟透的大番茄
1撮白砂糖
50克无盐黄油，再额外留少许烹饪用
1杯（250毫升）香槟或者气泡酒
塔巴斯科辣椒酱
海盐和现磨白胡椒粉

可做12个

番茄香槟酱的做法：将番茄对半切，将汁和籽挤到小的平底炒锅里，小火加热。剩下的番茄切碎倒入锅中，中火煮2~3分钟。加糖和黄油。黄油融化后加入香槟或者气泡酒煮10分钟，直到酱汁黏稠，略减少。

把煮好的酱倒入搅拌机中搅打光滑，然后用一个细眼筛网过筛，倒回锅中。小火煮40~50分钟，不时搅拌直到酱汁黏稠。再加一小块黄油、一点塔巴斯科辣椒酱，调味后关火。

在每片烤好的法棍面包片上抹1茶勺荷兰酱，上面加一两只明虾，再撒上1茶勺番茄香槟酱，点缀一点莳萝。最后撒些胡椒粉，就可以吃了。

0,1 l.

西葫芦和意大利熏火腿烤面包

FETA CROSTINI WITH ZUCCHINI AND PROSCIUTTO

这里的面包片可以用法棍或者其他白味面包，不要用酸酵种面包，
否则味道会偏重。我用蔬果切片器来切西葫芦薄片，这个厨房工具特别好用。
意大利熏火腿应切成一口的大小，以免吃的时候比较狼狈。

1个大的西葫芦，切薄片
1个柠檬的柠檬汁和皮丝，再额外加些柠檬皮丝
2汤匙橄榄油
海盐和现磨黑胡椒粉
半杯（60克）冰冻青豆
半条法棍，斜切成12片1.5厘米厚的厚片
1瓣大蒜，对半切
250克腌制菲达乳酪，沥干
1把薄荷，切碎，再额外加少许装盘用
6薄片意大利熏火腿，切成一口大小
特级初榨橄榄油，装盘用

可做12份

将西葫芦、柠檬汁和1汤匙橄榄油放入碗中，用盐和胡椒调味，搁置15分钟。

在此期间，将冷冻的青豆放入开水中，挤些柠檬汁，
煮30秒，沥干放一边。

中高火加热碳烤锅。用剩下的橄榄油将面包两面都刷一下，
每面烤1~2分钟直到烤成金黄色，并看到炙烤纹。
用半个大蒜的切面将面包单面擦一下，放一边。

将西葫芦沥干后放在碳烤锅上两面各烤1分钟，直到烤软，烤出炙烤纹。
腌料不要扔，将菲达奶酪、柠檬皮丝和薄荷放进去，用盐和胡椒调味后混合成
均匀的酱，涂在面包上。然后再放上烟熏火腿片、西葫芦片和青豆。
最后装饰些柠檬皮丝和薄荷叶，撒些初榨橄榄油，调味后就可以吃了。

牛油果酱配青柠味墨西哥玉米脆片

O'SHOCKO'S GUACO WITH CRISPY LIME TORTILLA CHIPS

我的朋友伊恩·欧桑那斯做的牛油果酱大概是世界上最好吃的牛油果酱了。用刚刚熟的牛油果，小心不要捣得太烂，不然最后会弄得像婴儿食品。

2个青柠的皮丝，再加些青柠块
海盐和现磨黑胡椒粉
8个墨西哥玉米饼，每个切成8小片
2瓣大蒜，对半切
淡味橄榄油喷雾

牛油果酱

3个熟透的番茄
开水
3个牛油果肉
1个青柠的皮丝
2个青柠的汁
半个小的红洋葱，切末
3瓣大蒜，切末
1小把香菜，切末
2茶勺墨西哥烟熏辣椒酱或者用一些塔巴斯科辣椒酱
海盐和现磨黑胡椒粉

6人份

牛油果酱的做法：将每个番茄底部切个十字，放到耐热碗中，倒入开水，放置30秒，然后把番茄放到凉水里浸一下，再把皮剥掉，对半切，将籽舀出扔掉，剩下的果肉切碎。

将牛油果肉、青柠皮丝和青柠汁放入碗中，用叉子大致捣碎，加入番茄、洋葱、蒜末、香菜和辣椒酱，轻轻搅拌，小心不要把牛油果捣得太烂，加盐和胡椒调味。盖上保鲜膜放冰箱冷藏。

烤箱180℃预热，加开风扇挡。准备3个烤盘，铺好油纸。

将青柠皮丝放入带盖的小罐中，加一大撮盐和一些胡椒粉，盖上盖子，摇一摇混合均匀。

将切好的玉米饼小片放到准备好的烤盘上，表面用半块蒜的切面擦一下，喷些橄榄油，撒些刚才混的青柠皮丝，烤10~12分钟直到色泽金黄、质地松脆。搁一边放凉。

装盘的时候，将烤好的玉米片和牛油果酱放在一起，旁边再加些青柠块。

猪肉和腌洋葱馅饼

PORK AND PICKLED ONION PASTIES

这个馅饼特别适合周末野餐，或者打包到学校的午餐便当盒里。这个配方里我用的是传统英式的腌棕洋葱，还有像德西蕾那种适用于各种配方的土豆，以及易碎的陈年切达奶酪。时间不够的话，你也可以买现成的酥皮或者酸奶油派皮。

125克土豆，切丁
1汤匙橄榄油
半个小的棕洋葱，切丁
2瓣大蒜，切末
200克瘦猪肉糜
5个腌洋葱，沥干切碎
75克切达奶酪，切碎
1汤匙扁叶西芹，切碎
海盐和现磨黑胡椒粉
1个土鸡蛋的蛋黄，混合一些牛奶
1汤匙芝麻
优质番茄酸辣酱（CHUTNEY），装盘用

酸奶油派皮
1⅓杯（200克）面粉，过筛
150克无盐黄油，冷藏状态下切小方块
¼杯（60克）酸奶油
现磨黑胡椒粉

可做8个

酸奶油派皮的做法：将面粉和黄油放在食品料理机里搅打得像面包碎一样，然后加酸奶油、黑胡椒粉继续搅打，直到混合成面团，手感柔软，摸起来有些粘手。

将面团拿到撒了面粉的台子上轻揉，压成盘状，用保鲜膜包起来放冰箱冷藏30分钟。

在发面期间，将土豆放到水烧开的锅里煮12~15分钟，差不多煮熟但还有些硬的时候捞起，搁一边放凉。

炒锅中火热油，加洋葱翻炒3~4分钟，直到洋葱炒软，加蒜再翻炒2~3分钟，然后装入大碗，搁一边放凉。接着放入猪肉、腌洋葱、奶酪和西芹，用盐和胡椒调味，混合好后，将土豆一起拌进去。

烤箱180℃预热，加开风扇挡。准备2个烤盘，铺好油纸。

台子上撒些面粉，将派皮面团切成8等份，每份擀成14厘米直径的圆。将馅料均匀地分放在8份派皮上，周围留1~2厘米宽的边，刷上蛋液，然后对半合上，边缘捏紧。接着将之立起来，边朝上，让里面的馅料堆成平底。

把包好的馅饼放入准备好的烤盘上，刷上蛋液，撒上芝麻，烤30分钟直到色泽金黄，馅料烤熟。

趁热吃，可以蘸些番茄酸辣酱。

迷你肉丸汉堡配番茄辣酱

MEATBALL SLIDERS WITH TOMATO CHILLI SAUCE

如今人们都钟爱迷你汉堡。这能怪谁？我这里的三个配方都是受我在纽约西村一家酒吧里吃到的小汉堡的启发。如果找不到第239页的蟹肉小汉堡里用的远洋梭子蟹，可以用熟食店里的蟹肉来代替（用之前一定要撕成碎片）。切卷心菜我用的是蔬菜刨丝器0.75毫升的刀口。

橄榄油，烹饪用
100克意大利果仁味羊奶奶酪（FONTINA CHEESE），切薄片
1大把野芝麻菜
20个小汉堡面包或者小的白面包，水平对半切

番茄辣酱

1汤匙橄榄油
1个棕洋葱，切碎粒
3瓣大蒜，切末
1听400克的番茄丁
1杯（260克）意大利番茄酱（TOMATO PASSATA）
1撮干辣椒碎片
1撮白砂糖
10片罗勒叶，撕碎
海盐和现磨黑胡椒粉

肉圆

140克酸酵种面包，去掉外壳
150毫升牛奶
400克瘦牛肉糜
400克瘦猪肉糜
半个棕洋葱，切碎粒
2汤匙扁叶西芹，切碎粒
50克帕马森奶酪，擦细丝
1撮豆蔻粉
1汤李派林喼汁
2茶勺颗粒芥末酱
1个土鸡蛋
海盐和现磨黑胡椒粉

可做20个

番茄辣酱的做法：平底锅倒油中火加热，加洋葱和蒜翻炒3~4分钟，倒入听装番茄丁、意大利番茄酱、辣椒碎片、糖和罗勒，中小火炖15~18分钟，直到酱汁少掉1/3。用盐和胡椒调味。

在炖番茄辣酱期间，将所有肉圆材料放到大碗里用手混合搅拌，然后揉成20个小肉圆，稍微压压平，放到铺了纸巾的盘子里，盖好放冰箱冷藏20分钟。

烤箱180℃预热，加开风扇挡；准备2个烤盘，铺好油纸。

不粘炒锅加1汤匙油，中火加热。一次放5个肉圆，每面煎2~3分钟直到色泽金黄，盛到烤盘中。全部煎好后，一起放入烤箱烤6~8分钟，然后取出在每个肉圆上放一片意大利奶酪，再放回烤箱烤4~5分钟，直到奶酪融化、肉圆烤到你喜欢的程度，取出放置10分钟。

组装的时候，将芝麻菜放到面包底上，然后放上肉圆，加1勺番茄辣酱，最后盖上面包顶盖，用竹签戳上固定就好了。

从左至右：迷你肉丸汉堡配番茄辣酱，龙虾青豆酱迷你汉堡，
蟹肉迷你汉堡配墨西哥辣酱卷心菜

龙虾青豆酱迷你汉堡

LOBSTER SLIDERS WITH PEA MAYO

（图见第237页）

16片意式培根圆薄片，淡味的
1把芝麻菜或者西洋菜，摘下叶子
16个迷你汉堡面包或者小的白面包，水平对半切
8个熟透的小番茄，切片
300克龙虾尾肉，掰成一口的大小

青豆蛋黄酱
1撮白砂糖
1杯（120克）冰冻青豆
2个土鸡蛋蛋黄
1汤匙柠檬汁
海盐和现磨白胡椒粉
65毫升淡味橄榄油
65毫升菜籽油
1茶勺第戎芥末酱
2茶勺牛至醋

可做16个

烤箱180℃预热，加开风扇挡。准备1个烤盘，铺好油纸。

将意大利培根铺在烤盘上烤6~10分钟直到颜色焦黄、质地变脆。烤的时候注意看护。

在烤培根期间做青豆蛋黄酱。在一个小的炖锅中倒一半的水，加白砂糖煮开。放入青豆煮2分钟，沥干放凉。将蛋黄、柠檬汁和一撮盐放入食品料理机中，高速搅打1分钟。搅拌的时候缓缓把油滴进去，直到酱汁光滑浓稠。将冷却的青豆、第戎芥末酱和醋加进去，再加盐和胡椒调味。继续搅打1分钟直到青豆打碎，酱汁变成淡淡的青绿色。

组装的时候，将芝麻菜或者西洋菜放在面包底上，然后放番茄片和意大利培根，再加上龙虾肉，撒些青豆蛋黄酱，盖上面包盖子，用竹签固定即可。

蟹肉迷你汉堡配墨西哥辣酱卷心菜

CRAB SLIDERS WITH CHIPOTLE MAYO SLAW

(图见第237页)

4汤匙橄榄油或者米糠油
150克紫甘蓝，切细丝
1个大的青苹果，对半切，去核，切成细火柴棍状，洒上柠檬汁
50克荷兰豆，纵向切片
20个迷你汉堡面包或者小的白面包，水平对半切

蟹肉饼
2杯（140克）新鲜白面包碎屑
600克煮过的远洋梭子蟹蟹肉，沥干，撕成小块
1个柠檬的柠檬皮丝和柠檬汁
2汤匙盐渍酸豆，漂洗干净
140克腌制小黄瓜，沥干水分，切碎
4根葱，理好、切丝
1把扁叶西芹，切碎粒
1把香菜，切碎
2个大的土鸡蛋，轻微搅打
海盐和现磨黑胡椒粉

墨西哥辣椒蛋黄酱
2个土鸡蛋蛋黄
1汤匙柠檬汁
海盐和现磨白胡椒粉
½杯（125毫升）淡味橄榄油
1茶勺颗粒芥末酱
1汤匙苹果醋
½茶勺甜辣椒粉
1汤匙墨西哥烟熏辣椒酱（见第28页）

可做20个

蟹肉饼的做法：用手将所有材料放在一个大碗里混合搅拌均匀，然后揉成20个球，稍稍压平一点，放到铺了纸巾的盘子里，盖好放冰箱冷藏20分钟。

墨西哥辣椒蛋黄酱的做法：将蛋黄、柠檬汁和一撮盐放入食品料理机中，高速搅打1分钟，期间缓缓加入橄榄油，直到酱变得光滑黏稠。接着加芥末酱、醋、甜椒粉和墨西哥辣椒酱，再搅打20秒。做好放一边。

烤箱180℃预热，加开风扇挡；准备2个烤盘，铺好油纸。

用大的不粘炒锅加1汤匙油中火加热。一次煎5个蟹肉饼（煎的时候小心一些，比较容易碎），每面煎1~2分钟直到表面变成浅金黄色，然后放入准备好的烤盘中，用烤箱烤8~10分钟直到色泽金黄、彻底烤熟。取出，并注意保温。

将甘蓝、苹果和荷兰豆放到一个碗中，加墨西哥辣椒酱一起拌均匀。

组装的时候，将蟹肉饼放在面包底上，上面放卷心菜色拉，盖上面包盖子，用竹签固定好即可。

巧克力海盐蝴蝶脆饼

PRETZELS WITH CHOCOLATE AND SEA SALT

这个配方也是受在纽约的一顿饭的启发。它特别适合派对，海盐和浓苦的巧克力形成鲜明对比。大小可按自己的喜好决定。做的时候记得放沸水里的时间是30秒，久了的话，烤完会有点硬。吃的时候最好用纸巾拿，不然巧克力会化到手上，比较难看。

1½茶勺黄糖
1½茶勺干酵母
350克高筋面粉
1汤匙可可粉
细盐
⅓杯（80克）小苏打
400克优质黑巧克力
1½茶勺海盐

可做30个

将糖、酵母、面粉和可可粉筛到一个碗里，再加一大撮盐和200毫升温水，用手揉成面团，然后拿到撒了面粉的台子上揉4~5分钟，揉成光滑有弹性的面团。

把面团放到抹了橄榄油的大碗里，盖上湿毛巾，搁在温暖的地方1~2个小时，直到面团发到双倍大。

将面团拿到撒了面粉的台子上，揉成长约30厘米的面棍。用一把锋利的刀将面棍切成1厘米厚的片，然后用手指搓成35~40厘米长的长条。接着就是做成蝴蝶脆饼的形状：两头拎起扭一下，然后交叉绕起，接头的部分刷些水，轻按一下和下面粘在一起。做好后放到抹了油的烤盘上（相互保持距离和空间），放置20分钟让面发起来。

烤箱160℃预热，加开风扇挡；准备两三个烤盘，铺好油纸。

倒4升水到锅里，中大火加热，放小苏打煮到微开。一次放一个蝴蝶脆饼煮30秒，然后用夹子捞起，放纸巾上沥干水分。

将煮好的脆饼放到烤盘上烤35~40分钟。

巧克力放到耐热碗里，然后将碗放到水烧开的锅里，隔水加热到巧克力融化。搁一边稍稍放凉。

等脆饼完全凉透以后再浸到巧克力里面裹一层。撒上海盐，然后放入冰箱，直到巧克力凝固。

橙汁香菜籽玛格丽塔

ORANGE AND CORIANDER MARGARITAS

（图见第244页）

在温暖的日子里喝这个特别清爽。如果当季买不到血橙，用其他新鲜的橙子也可以。我用法国凯尔特细盐在杯口滚了一层盐边，不过你用其他细盐也可以。

半茶勺香菜籽
4个青柠的汁
8个血橙的汁
120毫升龙舌兰酒
¼杯（60毫升）君度酒（COINTREAU）
2茶勺清淡型龙舌兰糖浆（见第10页）
碎冰块和苦精

4人份

将香菜籽放到一个小炒锅里小火炒30~40秒至炒香，然后用研磨钵磨碎。

将青柠汁、橙汁、龙舌兰酒、君度酒和龙舌兰糖浆放入搅拌器中搅拌几秒混合，然后加入碾碎的香菜籽，放冰箱冷藏半小时。

将混合好的鸡尾酒过滤到玻璃罐中。四个玻璃杯装好冰块，然后分别倒满鸡尾酒，最后每杯再加一点苦精。

红男爵

THE RED BARON

（图见第245页）

这个配方是我的朋友安迪·劳伦斯给我的。我们在工作中相识，他是一个非常出色的摄影师，协助我拍摄了本书的一些照片，和他一起工作很愉快。

有次在我家的鸡尾酒派对上，安迪带来了这款鸡尾酒（他曾经在酒吧工作过）。这款酒就是在血腥玛丽的版本上去掉伏特加，如果你想要烈一点，可以随意加点龙舌兰。

细盐
1个青柠，切块
冰块
¾杯（180毫升）番茄汁
李派林喼汁
塔巴斯科辣椒酱
海盐和现磨黑胡椒粉
1瓶375毫升的科罗拉

1人份

将盐撒在盘中，均匀摊开。用一块柠檬擦一下杯口，然后给杯口滚一层盐边。

杯中放3~4块冰块，挤入青柠汁，加番茄汁、李派林喼汁和辣椒酱，以及一点盐和胡椒，搅拌均匀。

最后往杯中倒入科罗拉，在喝的时候也可以不断往里加。

树莓石榴马提尼

RASPBERRY AND POMEGRANATE 'MARTINIS'

（图见第248页）

女生聚会推荐喝这个吧！看上去特别漂亮。
用你能找到的最好的伏特加。我用的是澳洲一个叫666的牌子，
品质极高，瓶子也很酷。

125克树莓
¼杯（60毫升）伏特加
1个青柠的汁
3茶勺糖浆
2汤匙石榴汁
1把碎冰块
石榴籽和柠檬皮丝，或者青柠皮丝，装饰用

2人份

留4~5个树莓装饰，其他的用搅拌机打成浆，然后用细眼筛网过滤到一个碗里，扔掉渣。

将树莓浆与伏特加、青柠汁、糖浆、石榴汁和碎冰块一起放到冰过的雪克杯里，盖上盖子，混合摇匀。

最后将鸡尾酒过滤到杯中，点缀一些树莓、石榴籽和柠檬皮丝（或者青柠皮丝）即可。

罗勒与墨西哥辣椒玛格丽塔

BASIL JALAPENO MARGARITAS

(图见第249页)

这里的墨西哥辣椒浸龙舌兰酒和糖浆配方可以做出超过30杯的鸡尾酒，所以比较适合派对用。墨西哥辣椒浸龙舌兰酒得提前两天做，这样味道才能进去。如果用不完，放在消毒过的罐子里可以保存3个月，不过它会变得越来越辣，所以放1周左右后，最好把辣椒取出来扔掉，除非你喜欢那种劲爆的火辣味。

1个青柠，切块
1～8片大的薄荷叶，撕碎
4～5片罗勒叶，撕碎，另额外加一些用于装饰
3茶勺白色龙舌兰酒
1把碎冰块
及冰块若干

墨西哥辣椒浸龙舌兰酒

2杯（500毫升）白色龙舌兰酒
2～3个墨西哥绿辣椒，去籽，纵向对半切

糖浆

半杯（110克）白砂糖

2人份

墨西哥辣椒浸龙舌兰酒的做法：将白色龙舌兰和辣椒放入一个带盖的罐子中，盖子拧紧密封，保存2天再用。

糖浆的做法：将糖和1/2杯（125毫升）水放平底锅中煮开，不断搅拌让糖融化。之后减至中火煮2分钟，然后搁一边放凉。

将青柠块的汁挤到冰过的雪克杯中，把挤完的块也扔进去。把薄荷和罗勒也放进去，用捣搅棒或者擀面杖的一头将其捣碎。加入白色龙舌兰、30毫升的墨西哥辣椒浸的龙舌兰和20毫升糖浆，以及一大把碎冰块。盖上雪克杯盖摇均匀。

之后将混好的鸡尾酒过滤到2个装满半杯冰块的玻璃杯中，点缀些罗勒叶即可。

A MEXICAN WEEKEND AT MY PLACE

No. 250

自己家的
墨西哥式周末

El malo
Blanco

ESPOLÒN
MORENA

我的摄影制片人苏菲·彭哈络是个时尚美女。她既聪明又有趣，人远比她的实际年龄看起来成熟。她的建议（无论工作还是个人方面）都很中肯。她的事务所一直在代理我的业务，过去的3年和她一起共事非常愉快。所以，当我听说苏菲快30岁的时候，我决定在我家为她办一个庆生派对。她特别喜欢墨西哥美食，而我这本书里也有一些菜是受墨西哥食物启发的（我自己最近特别着迷和墨西哥食品有关的所有东西），所以我们弄了个聚会，狂欢了一下！来吧！

悉尼的天气总是阴晴不定，尤其是秋天。那天间歇性地下了一整天雨，所以整体的墨西哥氛围总觉得少了什么。不过我们并没有让天气扫了我们的兴致，从中午过后一直派对到凌晨。

没有敲打皮纳塔游戏环节的墨西哥派对是不完整的！那天有两个我博客的小读者在，乔治亚（15岁）和马蒂（12岁）。他们是我第一本书的疯狂粉丝，能见到他们我真是太激动了。他们是在场的开心果，兴致勃勃地把皮纳塔击碎了，看着很搞笑。

这里我得再次提及，没有我的助手爱丽丝的协助，我一个人无法做完这么多事。还有楼·布拉塞尔帮忙在悉尼一家非常赞的古董家具店买了当天用的小道具，那家店叫Doug Up On Bourke。我们还在Holy Kitsch店里找到很多奇奇怪怪的墨西哥装饰品。

两家店的网址：
douguponbourke.com.au
holykitsch.com.au

Embassa
ORIGINAL
CHOLULA
HOT SAUCE
100% NATURAL
HOT SAUCE
SALSA PICANTE
CHILE
HABANERO
TAPATÍO
HOT SAUCE
CHILE HABANERO

SWEETS

甜点

WEIGHT 6LB.
BI-CARB SODA SHOULD NOT BE USED).
THICK
RICH
0,5 l.

PRODUCT OF AUSTRALIA REG. No. 268
HALF GALLON
Devondale
ice cream
VANILLA STRAWBERRY CHOCOLATE
NEAPOLITAN
ARTIFICIALLY COLOURED & FLAVOURED
DEVONDALE CREAM PTY. LIMITED, ST. MARYS, N.S.W.

Venchi
il gelato

奶油蛋白甜饼夹香辣苹果和咸味奶油酱

SPICED APPLE AND SALTED BUTTERSCOTCH PAVLOVA

这个点心太受欢迎了！一旦你会做奶油蛋白甜饼，就特别好做。在油纸上画圈可以用一个大小合适的碗来比着画。

防潮糖粉
半个柠檬
6个土鸡蛋蛋白
300克白砂糖
细盐
1茶勺白醋
1茶勺玉米粉
1茶勺塔塔粉
1茶勺肉桂粉
250克马氏卡彭奶酪
300毫升浓缩奶油
1份咸味奶油酱（见第283页）
1杯（80克）杏仁片，烤过

香辣苹果

5个大的青苹果（800克），削皮，去核，切成2厘米见方的块
1杯（250毫升）普罗塞克气泡酒或者其他气泡酒
⅓杯（75克）黄糖（压实）
1个八角
1茶勺肉桂粉
5个丁香
1个香草荚，撕开刮出香草籽

8人份

烤箱150℃预热，加开风扇挡；准备3个烤盘，铺好油纸。

用铅笔在每张油纸上画一个直径18~20厘米的圆，里面撒上防潮糖粉，防止蛋白粘住。

用柠檬的切面把搅拌器的容器擦一遍，避免任何油渍。放入蛋白，中速搅打2~3分钟把蛋白打松，加到高速档加糖，一次放1勺糖，继续打发，直到蛋白拎起形成一个尖。加入盐、醋、玉米粉、塔塔粉和肉桂粉，轻轻地拌进去。

在油纸反面的每个角上点一些蛋白，让油纸粘在烤盘上。将打好的蛋白分在3张烤盘的圈里，上端抹抹平，周围抹光滑，然后放入烤箱，迅速将温度调至120℃，烤1小时15分钟。烤好后半拉烤箱门，让蛋白霜在烤箱里冷却。

在烤蛋白霜期间做香辣苹果。将所有材料放平底锅里，加1/2杯（125毫升）水，搅拌混合，大火煮开后，减至中小火煮6~7分钟，直到苹果煮软，但没有变形。

用漏勺将苹果捞出，放一边。将锅里的八角、丁香和香草扔掉，再接着用中小火煮15分钟，直到有糖浆的光泽。把糖浆倒在苹果上，放一边冷却。

将马氏卡彭奶酪和奶油一起搅打至黏稠、光滑。

最后组装。把奶油混合物抹在第一个蛋白霜上，然后放上1/3的苹果，撒上1/3的咸味奶油酱和1/3的杏仁片，然后轻轻地放上第二个蛋白霜，重复前面的过程两次即完成。

SWEETS

No. 266

VANILLA PANNA COTTA WITH RHUBARB AND ROSE COMPOTE

香草奶冻配糖渍玫瑰大黄

这是一款非常不错的聚会餐后甜点，也很好做。可以提前一晚准备，第二天晚宴结束时直接从冰箱里拿出来就好了。上面的水果也可以换成其他当季水果。

3张白明胶片
350克浓缩奶油
350毫升牛奶
⅓杯（75克）白砂糖
1个香草荚，拨开刮出香草籽

糖渍玫瑰大黄
650克大黄，理好，切成4厘米长的长条
半杯（125毫升）红酒
1个橙子的皮丝
2汤匙蜂蜜
1汤匙玫瑰水
1张白明胶片
1茶勺白砂糖（可选）

4人份

将明胶片浸入装了凉水的碗中，放置5分钟。

与此同时，将奶油、牛奶、糖和香草籽放入平底锅中，中小火差不多煮到微沸后，再煮5分钟，不时搅拌，注意不要煮开。

将明胶片捞出，沥干水分，放到锅里，小火搅拌。煮至融化后关火，搁一边凉10分钟，然后倒入4个玻璃杯中，放冰箱冷藏3~4个小时。

接着做糖渍水果。烤箱180℃预热，加开风扇挡。

将大黄放入烤盘，烤盘大小能够铺一层即可。倒入红酒、蜂蜜、玫瑰水，加橙皮丝，用锡箔盖好后放烤箱烤15~20分钟，直到大黄烤软，取出，滤过筛子，把汁水倒入锅中，将筛出的大黄放一边冷却。

把明胶片浸在装有凉水的碗中，放置5分钟。将之前滤出的汁水用中大火加热至沸，然后减至中火煮1~2分钟，直到液体减少至1/3杯（80毫升）。

取出明胶片，沥掉多余水分，放入锅中，小火加热，搅拌至融化。尝一下锅里的糖浆，如果觉得酸的话就再加一些糖。关火后放一边搁15分钟。

舀1勺糖浆到每个玻璃杯的奶冻上，然后把大黄分放在上面。放冰箱冷藏1个小时，直到糖浆凝固就可以吃了。

葡萄柚龙蒿肉桂小蛋糕

PINK GRAPEFRUIT, TARRAGON AND CINNAMON FRIANDS

我喜欢做这种法式杏仁小蛋糕，既快又简单，很适合喝早茶的时候吃。龙蒿和葡萄柚的味道配在一起很赞，后者给杏仁味的蛋糕提了味。有条件的话，用硅胶的蛋糕模具来做会比较容易。

160克无盐黄油
3个葡萄柚，粉色或红色果肉
⅔杯（100克）面粉
125克杏仁粉
半茶勺肉桂粉
490克糖粉
6个土鸡蛋蛋黄
5～6片龙蒿叶，切碎

可做12个

烤箱180℃预热，加开风扇挡。将蛋糕模具擦一层油。

用小锅将黄油融化，然后放一边冷却。

与此同时，取1个葡萄柚擦皮丝，然后将2个葡萄柚果肉剥出来放一边。剩下的1个挤成汁。

将面粉、杏仁粉、肉桂和250克的糖粉筛到一个大碗里，中间挖个坑。

再拿一个大碗，用叉子将蛋白搅打30秒直到蓬松，然后倒入面粉材料以及冷却的黄油，用木勺搅拌均匀，接着把龙蒿叶和葡萄柚皮丝加进去，然后把面糊倒入一个罐子里。

最后将面糊倒进准备好的蛋糕模具中，每个模具倒一半左右。烤20~25分钟至色泽开始变金黄。从烤箱中取出，在模具中放10分钟，然后倒出放到烤架上冷却。烤架上铺一两张锡箔纸，可能会有糖霜滴下来。

将剩下的糖粉筛到碗里，加2½汤匙的葡萄柚汁，搅拌均匀。然后把糖霜舀到冷却的蛋糕上，让它凝固1~2分钟。最后把葡萄柚果肉放到每个蛋糕上面。

巧克力榛果意大利手工冰激凌

CHOCOLATE AND HAZELNUT GELATO

（图见第272页）

接下来的两个意大利手工冰激凌配方来自我出色的助理爱丽丝。她在写一两本关于冰激凌的书，而这些软冰激凌真的很好吃。注意你需要一个糖果温度计，还有冰激凌机来做这些冰激凌。

1杯（140克）榛子
半杯（125毫升）浓缩奶油
2杯（500毫升）牛奶
30克可可粉，过筛
65克优质牛奶巧克力，切碎
65克油纸黑巧克力，切碎
⅔杯（150克）白砂糖
1个土鸡蛋蛋白
1汤匙弗朗基里科榛子酒（可选）

4人份

烤箱180℃预热，加开风扇挡。

把榛子均匀地撒在烤盘上烤10分钟直到色泽金黄、烤出香味。然后倒在干净的毛巾上，包起来把外皮搓掉，接着切碎放到平底锅里。

将奶油和牛奶倒入锅中，中小火加热到微沸，关火。加入可可粉和巧克力碎，搅拌至巧克力融化，混合均匀，然后倒入碗中，放一边冷却。榛子就让它浸在里面。

把糖和1/4杯（60毫升）水一起放到厚底平底锅中，不断搅拌，煮到开。再差不多煮2~3分钟直到糖全部溶化关火，温度计显示的温度为120℃。

与此同时，用手持搅拌器高速将蛋白打发2分钟，中途加入热的糖浆，搅拌至体积变大、质地蓬松，继续搅打5~8分钟直到蛋白恢复室温。

将榛子和巧克力的混合物用细眼筛网过滤到一个碗里，扔掉榛子。然后拌入榛子酒（如果有的话），接着倒入打发好的蛋白里，大致搅拌一下混合均匀，再倒入塑料带盖容器中，放冰箱冷藏2~3小时（或者过夜）直到彻底冷却。

从冰箱取出后再大致搅拌下，以免混合物分离，然后放冰激凌机里搅拌直到冻住。吃之前冻1~2个小时。放冷冻室可保存3~4天。

白脱牛奶意大利手工冰激凌

BUTTERMILK GELATO

（图见第273页）

¼杯（60毫升）浓缩奶油
1杯（250毫升）牛奶
1个香草荚，剥开
170克白砂糖
1个土鸡蛋蛋白
2杯（500毫升）白脱牛奶（BUTTERMILK）

4～6人份

将奶油、牛奶、香草荚放小锅里中小火加热，微沸前关火，搁一边放凉。

把糖和1/4杯（60毫升）水一起放到厚底平底锅中，不断搅拌，煮到开。差不多煮2~3分钟直到糖全部溶化关火，温度计显示的温度为120℃。

与此同时，用手持打蛋器高速搅打2分钟将蛋白打发，中途加入热的糖浆。融合后体积变大，质地蓬松，继续搅打5~8分钟直到蛋白恢复室温。然后加入白脱牛奶搅拌均匀。

将牛奶混合物里的香草荚扔掉，然后倒入蛋白混合物中，搅打20秒钟至混合均匀，一起倒入带盖的塑料容器中，放冰箱冷藏2~3小时（或者过夜）直到彻底冷却。

从冰箱取出后再大致搅拌下，以免混合物分离，然后放冰激凌机里搅拌直到冻住。

这个做好最好立刻吃，放冷冻保存也不可超过4天。吃的时候可以加新鲜的水果或者和水果雪葩（fruit sorbet）一起吃。

EAT
ME
LANGUES
CADEAU

CADEAU
FELIX

苹果黑莓榛子酥皮方块

APPLE AND BLACKBERRY HAZELNUT CRUMBLE SQUARES

这些方块点心也特别适合带着去野餐，或者做学校里的午餐便当。放密封罐冰箱冷藏可以保存3天。

150克冷藏的无盐黄油，切块
2杯（300克）面粉，过筛
¾杯（165克）白砂糖
1个土鸡蛋，打散
1茶勺香草精
2个青苹果，削皮、去核、切丁
250克新鲜或者冻黑莓（解冻好）
1个青柠的汁

酥皮碎
半杯（75克）面粉
100克冷藏的无盐黄油，切块
⅓杯（75克）黄糖（压紧），再加2汤匙撒在表面上
半杯（45克）燕麦片
125克烘烤过的去皮榛子（见第164页），切碎
半茶勺姜末

12人份

将黄油、面粉和1/2杯（110克）白砂糖放入食品料理机中搅打，直到搅得和面包屑一样。加入鸡蛋、香草精再次搅打，然后将面团揉成球，用保鲜膜包好，放冰箱冷藏20分钟。

与此同时，将苹果、黑莓、青柠汁、剩下的白砂糖和1/2杯（125毫升）水一起放入大的平底锅中，煮到开。之后减至中火煮15~20分钟，直到苹果煮软，大部分汁水蒸发，关火，搁一边冷却。然后用手持搅拌器打成泥。

烤箱180℃预热，加开风扇挡；准备一个24厘米×30厘米的烤盘，铺油纸。

酥皮碎的做法：将黄油和面粉放入食品料理机中搅打，直到搅得和面包屑一样碎。放入剩下的材料继续搅打均匀。放一边。

将面团从冰箱中取出，压成面饼。放在两张油纸当中，擀成24厘米×30厘米的长方形，然后把它放到烤盘上。

将底部的面皮用叉子戳一些空洞，烤20分钟直到面皮色泽金黄。冷却5分钟，然后铺上打成泥的水果，撒上酥皮碎，再撒上一些黄糖，烤25~30分钟直到表皮金黄。放烤盘里冷却半小时，直到质地坚实，然后再切成方块，就可以吃了。

IDEAL

零谷蛋白的柠檬椰子蛋糕

GLUTEN-FREE LEMON AND COCONUT CAKE

之前做相关专题的时候，这个配方在我的博客上点击率非常高，所以我觉得必须把它写进来。当然我也很喜欢这张照片，这是我最喜欢的照片之一。你可以把蛋糕水平切一半，中间用一半的糖霜来夹心，然后上面再加糖霜。或者就像我这样，整个蛋糕外面抹一层糖霜。你可以在健康食品店买到零谷蛋白的面粉和椰子粉。

2½汤匙椰子粉
125克零谷蛋白的面粉
1茶勺泡打粉
150克无盐黄油，室温软化
150克白砂糖
3个土鸡蛋
1汤匙牛奶
¼杯（60毫升）柠檬汁
⅓杯（80毫升）酸奶油
2杯（100克）削好的椰片

柠檬奶油奶酪糖霜
250克奶油奶酪，室温软化
2杯（320克）糖粉，过筛
1个柠檬的皮丝
3茶勺柠檬汁

8人份

烤箱160℃预热，加开风扇挡。准备1个直径18厘米的蛋糕模，抹一层油。

将面粉和泡打粉一起过筛，放一边。

将黄油和糖用手持搅拌器搅打成光滑、蓬松状。加入鸡蛋，一次1个，继续搅打。接着加牛奶、柠檬汁、酸奶油以及面粉混合物，中低速搅拌均匀，然后舀到准备好的烤盘里，抹平表面。放烤箱中层烤15分钟，然后将烤箱温度升至180℃再烤30~35分钟，直到用针插进去没有东西粘出来，就说明烤好了。

将蛋糕从烤箱中取出，在烤盘里冷却15分钟，然后放到烤架上放凉。

糖霜的做法：将奶油奶酪用手持搅拌器搅打2~3分钟，加入糖粉、柠檬皮丝和柠檬汁搅打5~6分钟直到颜色变浅、质地光滑而黏稠。然后倒入碗中，盖好，放冰箱冷藏1小时。

最后将糖霜抹到冷却好的蛋糕表面和周围，最后撒上椰片即可。

摩卡布丁

SELF-SAUCING MOCHA PUDDING

如果你是一个巧克力爱好者，喜欢黏稠、软糯的巧克力布丁的话，这个配方就太适合你了！趁热吃，可以配上鲜奶油或者好吃的香草冰激凌。

⅔杯（100克）面粉
2茶勺泡打粉
¼杯（25克）可可粉
⅓杯（75克）黄糖，压实
1¼汤匙浓缩咖啡
100毫升牛奶
1个土鸡蛋
50克无盐黄油，室温融化
1¼汤匙可可甜酒（可选）
鲜奶油或者香草冰激凌，配布丁吃

摩卡酱
⅓杯（75克）黄糖（压实）
1汤匙可可粉，过筛
1茶勺速溶咖啡粉
1杯（250克）开水

4人份

烤箱180℃预热，加开风扇挡；准备一个容量为1升的布丁碗，里面刷一层黄油。

将面粉、泡打粉、可可粉筛入碗中，加糖混合，再加入咖啡、牛奶、鸡蛋、融化的黄油和可可甜酒（如果有的话），用木勺搅拌混合均匀。倒入准备好的布丁碗中，放到烤盘上。

摩卡酱的做法：将糖、可可粉和咖啡粉放入碗中混合，均匀地撒在布丁上，然后在上面倒开水。

烤25~30分钟，待布丁膨胀起来，摩卡酱在周围冒泡就差不多好了。趁热吃，可以配上鲜奶油或者香草冰激凌。

THE QUEEN'S PUDDING BOILER
CHALLIS'
No 16
PATENT

维多利亚海绵蛋糕配柠檬香醋草莓 VICTORIA SPONGE WITH LIMONCELLO AND BALSAMIC STRAWBERRIES

这个是我的“4、4、4和2”经典维多利亚海绵蛋糕的版本，我母亲过去经常做。草莓和柠檬的味道非常配。这里用到的是意大利的柠檬酒，你可以在意大利熟食店或者酒的专卖店里买到。

175克无盐黄油，软化
175克白砂糖
3个土鸡蛋
1茶勺香草精
175克自发粉，过筛
1汤匙牛奶
1汤匙柠檬酒或者2茶勺柠檬汁
200克马氏卡彭奶酪
100毫升鲜奶油
防潮糖粉

柠檬香醋草莓
400克草莓，去蒂，切成块
2汤匙白砂糖
2汤匙柠檬酒，或者1汤匙柠檬汁
2茶勺意大利香醋
1小把薄荷，切碎

8人份

烤箱180℃预热，加开风扇挡；准备两个20厘米直径的蛋糕模具，刷一层油。

将黄油和糖用手持搅拌机打5~6分钟至呈奶油状。鸡蛋一次加1个，每加一个都要搅打均匀。

加入香草精和一半的面粉混合均匀，接着加入牛奶、柠檬酒或柠檬汁，搅拌均匀。再加入剩下的一半面粉混合均匀。

将面糊分在之前准备好的两个蛋糕模中，表面抹平，并稍微在桌子上震一下，去掉里面的空气。烤20~25分钟直到表面金黄，用针戳进去再取出应是干净的。

从烤箱中取出蛋糕，在模具里凉5分钟，然后倒在烤网上冷却。

在冷却蛋糕时，将草莓、糖、柠檬酒或者柠檬汁，以及意大利香醋一起放到小的平底锅中，大火煮到开，然后减至小火，加薄荷再煮2~3分钟（草莓会煮软，但是形状还在）。

把草莓沥出，放到碗里。剩下的糖浆继续中火加热，直到糖浆收缩一半。浇到草莓上，搁一边冷却。

将马氏卡彭奶酪和奶油一起搅打至光滑、浓稠的状态，然后抹到一个蛋糕坯上（蛋糕放到大一点的盘子里，可以接住留下的汁水）。然后把淋了糖浆的草莓放上去，再盖上另一个蛋糕坯，最后撒上防潮糖粉。

YOU'LL ENJOY

M. Polaner's

咸奶油樱桃巧克力布朗尼蛋糕

DOUBLE CHOC BROWNIES WITH SALTED BUTTERSCOTCH AND CHERRIES

这个蛋糕非常好吃。你可以切成小方块吃，也可以切成大块配香草冰激凌作为晚宴后的甜点。在你加咸奶油酱的时候，不用担心是否要把它融进面糊里，就按你喜欢的方式倒进去就好了。它在蛋糕里会变得黏黏的又有嚼劲，是最好吃的部分。

110克无盐黄油，融化后稍微冷却
1汤匙樱桃力娇酒，或者1茶勺香草精
半杯（110克）白砂糖
3个土鸡蛋
¾杯（110克）面粉
半茶勺泡打粉
半杯（50克）可可粉
2汤匙牛奶
100克优质黑巧克力，切碎
250克罐装欧洲酸樱桃，沥干水分
防潮糖粉

咸味奶油酱
⅔杯（150克）黄糖（量杯压紧）
1杯（250毫升）浓缩奶油
75克无盐黄油，切小方块
¼茶勺海盐，碾碎

12人份

烤箱180℃预热，加开风扇挡；准备一个28厘米×18厘米×3厘米的烤盘，刷一层油，四周和底部铺油纸。

咸味奶油酱的做法：将所有材料放到平底锅中，煮到开，不时搅拌。接着减至中小火煮15~20分钟，直到质地黏稠而光滑。搁一边冷却。

将融化的黄油、樱桃酒或者香草精、糖和鸡蛋放入一个大碗中混合。筛入面粉、泡打粉和可可粉，用木勺搅拌均匀。接着倒入牛奶，再混入巧克力和樱桃。

舀一半的面糊到模具中，铺平，把焦糖酱加进去，再倒入剩下的面糊。烤35~40分钟直到蛋糕烤透，表面微微有些裂纹。

将蛋糕从烤箱中取出，留在烤盘里冷却后再倒出切块。吃前撒些糖粉。

No. 284

松子柠檬夹心饼干

PINE NUT, LEMON COOKIES

这些可爱的黄油小饼干做起来又快又容易。有时候我做不夹心的，配茶吃，或者配柠檬慕斯作为晚宴的餐后甜点。纯饼干放密封罐里可以保存7天，夹心的放冰箱密封存储可以放4天。

1½杯（225克）自发粉
¼茶勺姜粉
3个土鸡蛋蛋白
¾杯（165克）白砂糖
110克黄油，融化后冷却
半个柠檬的皮丝
75克松子，再额外留少许最后撒
1汤匙黑芝麻碎

柠檬奶油奶酪馅

125克奶油奶酪，软化
75克无盐黄油，软化
1杯（160克）糖粉，过筛
半个柠檬的皮丝
2茶勺柠檬汁

可做35个

烤箱160℃预热，加开风扇挡；准备2个烤盘，铺好油纸。

将面粉和姜粉一起混合，筛到一个碗里。备用。

用手持电动打蛋器高速搅打蛋白，打至蓬松后，边打边加糖，一次1勺，直到搅打至蛋白拎起会有一个尖。加入黄油、柠檬皮丝、松子和黑芝麻碎，用金属勺混合，再小心地分次拌入面粉混合物，混合均匀。

将面糊舀至挤花袋中，用直径1.5厘米的圆形花嘴。将面糊在烤盘上挤成直径3厘米的圆，每个间隔6厘米，表面抹抹平，撒上剩余的松子和黑芝麻碎，稍微压一下让它们和面糊粘住。

烤10~12分钟，直到周围金黄，先从烤箱取出凉一下，再放到烤架上冷却。

在此期间做馅料。将奶油奶酪和黄油放一个碗里搅打均匀，加入糖粉、柠檬皮丝和柠檬汁，混合成浅色蓬松的糊状，舀入挤花袋中，用直径1厘米的圆形或者星形花嘴。放冰箱冷藏15分钟。

组装的时候，将奶油奶酪馅挤在一半的饼干背面，然后再盖上另一半饼干，盖的时候轻轻转一下。吃之前放冰箱冷藏1小时。

巧克力重乳酪蛋糕 配 樱桃莓子酱

DOUBLE CHOC CHEESECAKE WITH BERRY SAUCE

饼干底我用的是阿诺特的巧克力饼干（Arnott’s Chocolate Ripple Biscuit），当然你也可以用奥利奥，不用把中间的夹心刮掉。如果你不想用杏仁甜酒，可以替换成1茶勺的香草精。樱桃可以留部分不去梗，这样装盘更好看些。

250克巧克力饼干
125克去皮杏仁
120克无盐黄油，融化后冷却
100克优质的黑巧克力
100克优质牛奶巧克力
500克奶油奶酪，软化
250克淡味酸奶油
4个土鸡蛋
250克红糖
300毫升浓缩奶油，再加少许打发后装盘用
1汤匙杏仁甜酒

樱桃莓子酱
250克新鲜樱桃（需要的话可去核），或者罐装酸樱桃，沥干水分
1篮250克的草莓，去蒂、切半
1篮125克的树莓
1汤匙柠檬汁
2汤匙白砂糖

8人份

烤箱150℃预热，加开风扇挡；准备一个直径22厘米的蛋糕模，刷一层油，铺上油纸，烤蛋糕时外层用锡纸包起来，密封。

将饼干和杏仁一起放食品料理机里打碎，加入黄油继续搅拌，然后平铺到蛋糕模底，放冰箱冷藏30分钟。

黑巧克力和牛奶巧克力一起放耐热碗里，隔水加热融化，然后搁一边稍稍冷却。

将奶油奶酪和酸奶油用手持电动打蛋器中低速搅打1~2分钟，直到混合均匀。加入鸡蛋，一次1个，搅拌均匀后再加另一个。放入红糖、奶油和杏仁甜酒，低速搅打1分钟，接着倒入融化的巧克力，混合均匀。

将奶油混合物倒入蛋糕模具内，放桌上稍微震动一下，去除里面的气泡。将蛋糕模放烤盘上，烤盘加凉水至距蛋糕模底部2~3厘米高。小心地拿进烤箱，烤1.5小时至周边差不多凝固。然后打开烤箱门，让蛋糕在烤箱里冷却1个小时，然后再室温冷却，最后放冰箱冷藏1小时。

在烤蛋糕期间做樱桃莓子酱。将所有材料放入深平底锅内煮开，然后中小火再煮3分钟，直到水果煮软，但仍保持形状。将水果沥出，锅里的糖浆继续中火煮10分钟，直到变得黏稠有光泽。再把水果倒进去，搁一边放凉。

将蛋糕从模具中取出，放到盘子里。上面放上莓子酱，吃的时候配上打发好的鲜奶油。

杏仁莓子脆皮馅饼 BERRY ALMOND COBBLER

这里我用的是新鲜水果，但如果你换成冰冻树莓和蓝莓也OK，最后一样好吃。我在美国旅行的时候常常吃这个经典的美国点心。这个配方是我从这些年自己所喜欢的馅饼中总结出来的版本。

2篮250克的草莓，去蒂，大的对半切
3篮125克的蓝莓
2篮125克的树莓
¼杯（55克）白砂糖
1茶勺玉米粉
细盐
1个青柠的皮丝和汁
2汤匙黄糖
半杯（70克）杏仁碎，烤过
重奶油，配饼吃

脆饼皮
2杯（300克）面粉
1茶勺泡打粉
1茶勺塔塔粉
3汤匙黄糖
半茶勺肉桂粉
1撮细盐
120克无盐黄油，冷藏状态切小块
¾杯（180克）白脱牛奶
1汤匙浓缩奶油
1汤匙杏仁甜酒（可选）

6人份

烤箱180℃预热，加开风扇挡。

脆饼皮的做法：将所有干料放入食品料理机中搅打，加入黄油块，打成面包碎屑状。将白脱牛奶、奶油和杏仁甜酒倒在一个碗里搅拌，加入黄油混合物搅拌均匀，让所有材料粘在一起。搁一边。

将所有水果放到一个碗里，放入糖、玉米粉、一点盐、青柠汁和青柠皮丝，然后倒入烤盘中铺平（我用的是直径28厘米的圆烤盘，6厘米深）。上面放上大块的黄油面粉混合物（不用均匀地摊平，这是这道点心的特色）。最后撒上黄糖和杏仁碎。烤40~45分钟，直到表面金黄。

趁热吃，可以配上重奶油。

李子戚风扣蛋糕

UPSIDE-DOWN PLUM CHIFFON CAKE

如果当季没有李子卖，也可以用罐装的李子代替，沥干水分用纸巾拍干即可。这个蛋糕在你从烤箱取出的时候会缩掉一点，但是不用担心，反正你也要把它倒扣过来的。

8个李子，去核，纵向切成4块
1根肉桂棒
290克白砂糖
4个土鸡蛋，蛋白、蛋黄分开，再加2个鸡蛋白
¼杯（60毫升）橄榄油
100毫升牛奶
1茶勺香草精
1杯（150克）面粉
半杯（60克）杏仁粉
1茶勺泡打粉
1撮塔塔粉
打发好的鲜奶油，配蛋糕用

8～10人份

烤箱160℃预热，加开风扇挡；准备一个直径22厘米的蛋糕模，刷一层油，铺好锡箔纸。

将切好的李子整齐地码在蛋糕模底，切面朝下。

把肉桂棒和150克白砂糖放入厚底平底锅中，加225毫升水大火煮开。再煮8~10分钟（在锅里画圈，不要搅动），直到糖浆颜色变深。然后小心地倒在蛋糕模里的李子上。用夹子把肉桂棒取出、扔掉。

将蛋黄、橄榄油、牛奶和香草精放入一个大碗里，用木勺搅拌混合。接着将面粉、杏仁粉、泡打粉和70克的糖筛入另一个碗中混合，倒入蛋黄混合物中，用木勺拌成黏稠的面糊。

将6个蛋白倒入金属盆中，用手持打蛋器打发，剩下的白砂糖分3~4次加入，继续搅打至蛋白膨胀（硬性发泡），最后加入塔塔粉，用金属勺拌匀。

舀1/3的蛋白到面糊中，轻轻拌匀，接着倒入剩下的蛋白混合均匀，动作要轻。

将混好的面糊倒在李子上，放入烤箱烤50~60分钟，直到叉子戳进去后取出是干净的，就说明烤好了。

蛋糕放模具里冷却15分钟后再取出，倒扣、切块。趁热配着打发的奶油一起吃。

芒果花生山羊奶乳酪蛋糕

SHEEP'S MILK CHEESECAKE WITH MANGO AND PEANUT

山羊奶酸奶可以在美食店或者精品超市里买到。没有的话，也可以用其他天然酸奶代替。如果想吃这个蛋糕的话，记得得提前一天准备，因为烤好后要放冰箱隔夜，这样才能够坚实，好切。

120克生无盐花生
250克消化饼干
100克无盐黄油，融化后冷却
500克奶油奶酪，软化
4个土鸡蛋
1杯（220克）白砂糖
400克山羊奶酸奶
半杯（125毫升）浓缩奶油
1汤勺面粉
2个熟芒果，去皮、挖出果肉
1汤匙青柠汁

8～10人份

烤箱180℃预热，加开风扇挡；准备一个直径24厘米的蛋糕模，刷一层油，铺油纸，烤蛋糕时外围包一层锡箔纸，密封。

烤盘铺油纸，撒上花生，烤10~12分钟，直到色泽金黄。冷却5分钟后放到食品料理机的容器里，加饼干一起搅打1~2分钟打成碎，接着加黄油一起搅拌混合，然后倒入蛋糕模中，平铺压成底，放冰箱冷藏30分钟。

烤箱温度减至150℃，加开风扇挡。

将奶油奶酪用手持打蛋器高速搅打成顺滑的奶油状，加入鸡蛋搅拌混合，一次加一个。接着加糖、酸奶、奶油和面粉，中速搅拌1~2分钟，彻底混合均匀。

用搅拌机将芒果打成泥，加青柠汁混合均匀。

将面糊倒入蛋糕模中，在桌子上震一下，以免里面有起泡。旋转着倒入芒果泥，再用叉子轻轻地在面糊中绕圈，将芒果泥混进去。把蛋糕放到烤盘上，烤盘倒冷水至距蛋糕模底部2~3厘米高。

小心地将烤盘放入烤箱，烤1.5小时直到蛋糕凝固，中间可稍微晃动。半拉烤箱门，让蛋糕在烤箱里放凉。然后盖好放冰箱隔夜冷藏。

No. 294

比利时酥饼

BELGIAN SHORTBREAD

我是在几年前的一个圣诞晚宴上吃到这个点心的，很喜欢。虽然我并不喜欢吃枣子，但是却喜欢吃这个点心里的枣子。它表皮酥脆，里面的枣子又黏又甜，还有脆脆的杏仁片，总是让我吃不够……

125克无盐黄油，冷藏
⅓杯（75克）白砂糖
1½杯（225克）自发粉
¼茶勺海盐
1个土鸡蛋，蛋白、蛋黄分开
1～2茶勺牛奶（可选）
100克树莓酱或者李子酱
100克枣子，肉多且湿润，去核、切碎
40克杏仁碎

8人份

烤箱150℃预热，加开风扇挡；准备一个直径25厘米的可脱底圆形塔盘，刷一层油，铺油纸。

将黄油、糖、面粉和盐放入食品料理机中打成碎屑。再加入鸡蛋黄搅打，直到混合物凝结到一块（如果太干，可以加点牛奶）。取出放到撒了面粉的台子上揉成球。用保鲜膜包起，放冰箱冷藏30分钟。

将面团均分成2份，其中一份放到两层油纸中间擀成塔盘的大小。如果不够圆也没关系，烤的时候都会凝固到一块的。将面皮用擀面杖搭着托到塔盘里，压平整。

将果酱倒入碗中，用勺子背压软，拌匀，然后均匀地倒入塔盘里的面皮上，再撒上切碎的枣子。另外一份面团也和刚才一样擀成饼皮，然后盖在枣子上。接着撒上杏仁碎，轻轻地压一压。

烤40~45分钟，放在塔盘或者烤架上彻底冷却。吃的时候切块。

BEHIND THE SCENES

幕后故事

2

Katie

PANTONE®

You will need ...

1 kg uncooked prawns, peeled an[illegible]
tails intact
Juice of 2 limes
Sea salt and freshly ground black pepper
2 limes, halved
Extra lime quarters and crusty bread, to serve

For the Thai dipping sauce ...

2 cloves garlic, crushed
2 tablespoons fish sauce
3 tablespoons lime juice
2 tablespoons brown sugar
½ small red onion, finely diced
1 long red chilli, finely chopped
1 long green chilli, finely chopped
1 tablespoon chopped coriander
1 tablespoon chopped mint
1 x 1 cm piece ginger, finely grated
Pinch sea salt and freshly ground black pepper

17 THURSDAY [17-348]

18 FRIDAY [18-347]

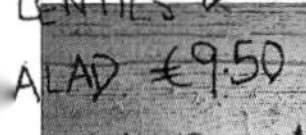

SOUP €5
ED CARROT
FENNEL
VEG €6.50
NDWICH
COURGETTE,
ROAST TOMATO,
EEN PESTO
MEAT €7
NDWICH
ZO, ROAST RED
, TZATZIKI
PECIALS
FED AUBERGINE
FETA &
LENTILS &
ALAD €9.50

我想对在过去的几年里，帮助我完成这本书的所有人说一声：非常感谢。

尤其是我出色的助理，爱丽丝·坎南。如果没有你的话，我觉得就不会有我这第二本书。你不仅是个出色的助理，也是个很好的朋友。感谢你不停地跑超市，洗洗刷刷，切菜煮菜，甚至在我还没意识到需要一些工具时，就先给我递上，还总是能镇定自若地处理掉那些突发状况。

再次感谢澳大利亚企鹅出版社的每个人——朱丽叶、弗吉尼亚、卡特里娜、艾薇欧、丹尼尔和伊莲娜。没有你们的投人，也不会有这本书。

感谢尼克·班伯里，世界上最好的食谱鉴定师！谢谢你的智慧与完美主义，我从你身上学到了很多知识。我很高兴能与一个食物方面如此博学的人一起共事。

感谢我的家乡爱尔兰、纽约、澳大利亚以及全世界其他地方的所有朋友们。我做这本书从头到尾你们都非常支持，尤其是2014年初我自己最困难的时候。

感谢我“罗泽尔帮”的朋友：米歇尔、安迪和高林——你们的友情与支持是我的全世界。没有你们，我肯定会迷失自己的。

感谢我巴罗莎的所有了不起的朋友们：简和约翰·安加斯、麦克·沃斯塔特、卡罗琳和多娜、大卫和詹妮弗、费欧娜和梅尔。谢谢你们的帮助、支持，还有热情款待。我期待着可以再去休顿山谷喝一杯！

再次感谢玛德琳·莫顿。每次我需要你的时候，你都在。感谢卢·布拉塞尔在摆盘方面的帮助。感谢来参加“周末女生聚会”的所有博客读者——你们那天的热情与鼓舞对我来说是无价的。很高兴见到你们。

感谢苏菲，我的摄影制片。你是个非常棒的朋友，也很有趣。谢谢你帮我在出书过程中做的各种工作。

感谢乔治，还有梅杰与汤姆店（澳洲古董家居店）的所有女生们。乔治，你的帮助与友谊让我非常感激。

感谢弗拉德，悉尼最酷的快递员。你那“什么都不成问题”的冷静态度让道具的收集与返还变得不再是个麻烦事。

感谢我达令街肉铺的师傅克里斯，谢谢你总是给我留最好的肉，还处理得那么好。

感谢上面提及的每个人。这本书献给你们所有人。

感谢我的姐妹朱丽叶、克劳迪奥、埃里卡、科尔姆、利奥尼和蒂姆。我永远爱你们。

由衷地感谢你们！

索引

D

E

T

U

V

W

Y

Z

图书在版编目 (CIP) 数据

凯蒂的周末美食 / (澳) 戴维斯(Davies,K.Q.) 著；
丢帕译．—杭州：浙江科学技术出版社，2016.7
ISBN 978-7-5341-7044-7

Ⅰ.①凯… Ⅱ.①戴… ②丢… Ⅲ.①食谱
Ⅳ.①TS972.1

中国版本图书馆 CIP 数据核字（2016）第 034417 号

著作权合同登记号 图字：11－2015－347号

原书名：What Katie Ate at the weekend

摄影师的餐桌：

凯蒂的周末美食

责任编辑：王巧玲　　**特约美编**：王道琴
责任校对：顾旻波　陈淑阳　　**封面设计**：段　瑶
责任印务：徐忠雷　　**选题策划**：冷寒风

出版发行：浙江科学技术出版社
地址：杭州市体育场路347号
邮政编码：310006
联系电话：0571-85058048
制　　作：日知图书（www.rzbook.com）
印　　刷：北京艺堂印刷有限公司
经　　销：全国各地新华书店
开　　本：889 × 1194　1/16
字　　数：350千
印　　张：20.5
版　　次：2016年7月第1版
印　　次：2016年7月第1次印刷
书　　号：ISBN 978-7-5341-7044-7
定　　价：158.00元

◎如发现印装质量问题，影响阅读，请与出版社联系调换。